탐식

로젝트

부산탐식 프로젝트

초판 1쇄 발행 2018년 11월 15일
개정판 1쇄 발행 2022년 11월 14일

지은이 최원준
펴낸이 강수걸
기획실장 이수현
편집장 권경옥
편집 신지은 오해은 이선화 이소영 김소현 강나래
디자인 권문경 조은비
펴낸곳 산지니
등록 2005년 2월 7일 제333-3370000251002005000001호
주소 부산시 해운대구 수영강변대로 140 BCC 613호
전화 051-504-7070 | 팩스 051-507-7543
홈페이지 www.sanzinibook.com
전자우편 sanzini@sanzinibook.com
블로그 http://sanzinibook.tistory.com

ISBN 979-11-6861-108-5 03590

* 책값은 뒤표지에 있습니다.
* 잘못 만들어진 책은 구입처에서 교환해드립니다.

맛있는 음식 인문학

부산탐식(探食) 프로젝트

최원준 지음

산지니

들어가는 글

음식으로 읽는 부산

'음식은 시대를 담는 그릇'이다. 음식이 한 시대의 사회상을 반영하기 때문이다. 그 시대의 음식과 음식재료, 음식문화로 당시의 역사와 문화, 자연환경과 생활습속까지도 읽어낼 수 있다.

중국 청조의 '만한취엔시(滿漢全席)'는 사흘에 걸쳐 한족음식과 만족음식 180여 가지를 함께 맛보는 음식의 대향연이다. 그 이면에는 한족과 만주족의 대표 요리를 한 상에 올림으로써 두 민족의 화합을 상징하는 '정치적 의도'가 깔려 있었다.

일본의 '와쇼쿠(和食)문화'는 지역공동체문화에 뿌리를 두고 있다. 음식을 차려내고 먹을 때의 예절과 만든 이와 먹는 이의 소통을 중시하는 등, 집단의 공동체문화를 음식을 매개로 결집해낸다. '음식문화'로 사회가 추구하는 관습과 도덕, 가치관을 단련케 하는 것이다.

최근 '로컬푸드'를 즐기는 추세도 생활의 여유와 건강을 회복하려는 노력과 함께 음식의 시대적 요청에서 기인하고 있음을 알 수 있다. 때문에 지역에서 생산되는 음식, 즉 '향토음식'의 중요성 또한 고조되고 있기도 하다.

'향토음식'은 지역의 공동체문화를 담음으로써 음식으로 그 지역의 역사와 문화, 관습적 색채까지 이해할 수가 있다. '지역의 음식'이 그 지역의 밥상머리 교육이나 가치관 정립의 측면까지 관여하고 있는 것이다.

이주의 역사와 함께한 부산음식

그러면 우리 부산의 음식에서 부산이라는 지역의 사회상을 어떻게 읽어낼 수가 있을까? 그것은 부산의 '지정학적 특성'과 '시대적 역사성'에서 쉽게 찾아볼 수가 있다. 지정학적으로는 한반도 남단의 해양을 국경으로 하고 있었기에 해양문화 수용이 자유로웠다는 점, 역사적으로는 일제강점기, 한국전쟁 등 여러 경로를 통한 인위적이고 다양한 문화유입이 이루어졌다는 점이다.

부산의 근현대사는 이주의 역사였다. 초량왜관 시절 왜인들의 이주와 함께 일본음식 또한 조선에 널리 보급되는데, 이때 보급된 음식이 '부산어묵'의 근간이 되는 '가마보코'였다. 일본 거류지역 요정의 대표적인 술안주로, 해방 전후에는 서민음식으로 자리 잡게 된다.

해방 이후에는 일본에서의 귀환동포가, 한국전쟁 때는 피란민들이 부산으로 유입되었고, 산업화시대에는 직업을 찾아 온 경남, 호남, 제주 사람들로 흘러넘쳤다. 이들과 함께 유입된 '이종의 문화'와 더불어 그들의 식문화 또한 '부산화(釜山化)'

된다. 하여, 이들의 집단이주는 부산사람들의 정체성과 부산 향토음식 형성에 큰 영향을 미치게 되는 것이다.

부산사람의 저변에 흐르고 있는 '수용성'과 '개방성' 또한 마찬가지다. 모든 문화를 받아들여 부산의 문화로 만들고, 부산의 문화를 개방하여 모든 이들과 함께 나누는 것. 이것이 부산사람이 가지는 '부산의 정체성'이다. 이러한 부산의 수용과 개방, 공동체 의식이 현재 우리 부산의 향토음식의 근간을 이루는 데 큰 역할을 담당했던 것이다.

부산음식 속의 부산, 부산사람

'부산' 하면 떠오르는 부산의 대표음식들이 몇몇 있다. 이를 바탕으로 부산시는 2009년 부산의 향토음식을 선정한 바 있다. 생선회, 동래파전, 흑염소 불고기, 복어요리, 곰장어구이, 해물탕, 아구찜, 재첩국, 낙지볶음, 밀면, 돼지국밥, 붕어찜 등 13가지 음식이다.

'향토음식' 속에는 그 지역의 역사와 각 시대별 사회상이 녹아 있다. 그래서 부산향토음식에 투영된 부산의 정치, 경제, 사회, 문화 등을 되짚어 보면, 지역의 역사적 사건과 사회전반의 현상을 재미있게 풀어볼 수 있는 것이다. 때문에 '부산음식'을 살펴보면 '부산의 역사'가 보인다.

그 일례를 들자면 돼지국밥이 있겠다. 원래 돼지국밥은 원료는 부산 · 경남의 돼지국으로, 돼지고기 살코기만으로 맑은 국물을 내고 무, 고춧가루, 파 등으로 끓여낸 고깃국이었다. 그러나 한국전쟁 이후 이북 이주민들에 의해 돼지 대가리 등 부산물을 넣어 만든 돼지국밥의 원형이 탄생했고, 이후 부산의 산업화, 장터문화와 섞이면서 국밥에 여러 고명을 얹어 간소하게 허벅허벅 먹는 지금의 국밥형태로 발전한다. 일본과 제주의 사골육수문화가 뽀얀 국물의 육수를 탄생시켰고, 대구경북의 탕반문화가 따로국밥으로 분화되기도 한다. 여러 지역의 음식문화들이 시대를 달리하며 다양한 돼지국밥들로 편입, 변주되었던 것이다. 이렇듯 다양한 지역의 특색을 가진 섭생을 수용하면서도, 부산음식의 특색 속으로 잘 발현된 음식이 돼지국밥이다.

밀면의 원형도 한국전쟁 당시 이북 피란민들이 원조물자로 들어온 밀가루로 냉면을 대신하여 먹었던 '대체음식'이었다. '망향의 음식'인 냉면과 대별하여 밀면은 '밀가루 냉면'으로 불리며, 냉면의 반값 가격으로 주머니 가벼운 이들에게 널리 제공되었다. 때문에 냉면 한 그릇 값으로 밀면 두 그릇을 '나누어' 먹고, 같은 가격으로 많은 양을 '함께 널리' 먹였던 음식이 밀면이었다. 하여 부산 밀면 탄생의 의미는 '공유'와 '배려'다. 밀가루로 끼니를 때우던 시절, 다함께 먹고 살자고 시작된 음식이자, 가진 것 없는 이들에게 싼값으로 제공하던 음식이었기에 그렇다.

먹장어도 배고픈 시절 구황음식으로 짚불이나 연탄불에 구워 먹던 음식이었다. 부산의 꼼장어는 '부산 로컬푸드의 상징'이다. 꼼장어는 먹장어의 주생산지였던 기장에서 동해 남부선 철길을 타고 부산전역으로 유통됐다. '재첩국 아지매'들에 의해 부산 전역으로 퍼져나간 재첩국과 더불어 '꼼장어 로드'를 형성하며, 로컬푸드의 영역확대에 지대한 역할을 담당했던 향토음식이라 할 수가 있겠다.

이처럼 일제강점기와 한국전쟁 등 피폐했던 근현대사의 격변기 속 '부산'은, 늘 사람들에게 마음 따뜻하고 착한 음식을 제공해주었다. 비록 '차선의 음식'이고 '대체의 음식'이었지만, 널리 함께 먹는 '공유의 음식'이고 넉넉하게 베푸는 '배려의 음식'이었던 것이다.

부산을 읽는 텍스트, 부산음식

향토음식이라 함은 그 지역의 사람들이, 그 지역에서 나는 음식재료로, 그 지역의 환경에 의해 오래도록 길들여진 입맛으로 먹되, 지역사회 전체가 향토음식으로 공유하는 '자연발생적인 음식'을 뜻한다.

그렇게 따지자면 부산만이 가지고 있는 고유한 전통음식, 부산의 향토음식은 거의 존재하지 않는다. 대부분의 부산향토음식은 외부환경과 타의에 의해 급조되고 재편된 음식들이다. 식재료의 절대적 결핍, 이주민의 음식문화 수용 등으로 부산 고유의 음식은 자연스레 여타지역 음식문화와 흡수, 통합의 과정을 거치며 새로운 형태의 향토음식이 된 것이다.

이처럼 부산의 음식은 급격한 사회 환경 속에서 '부산화'된다. 그래서 부산의 역사와 사회상, 부산사람들의 기질까지 투영하고 있는 것이 바로 부산의 향토음식인 것이다. 때문에 '부산음식'은 '부산을 읽는 텍스트'라 할 수 있다. 바꿔 말하자면 '부산음식의 역사문화'가 '부산의 역사문화'와 그 궤를 함께한다는 말이다. 그래서 '부산을 보려면 부산의 음식을 읽어야 한다.'는 말이 성립된다.

'음식의 문화인류학.' 본 저서가 추구하고자 하는 궁극의 목적이다. 이에 본서는 '부산의 음식'을 개괄적으로 소개하고 그 전래과정과 시대적 변천, 지역에 따른 다양한 조리법 등을 통해 '음식의 사회학'을 탐색하고자 했다. '부산, 부산사람, 부산의 정체성'을 부산음식에서 찾아보고자 하는 것이다.

돌이켜보면 책으로 묶으면서도 부실하고 미흡한 부분이 많다는 생각이다. 하지만 부산음식을 인문학적으로 접근해보았다는 측면에서 조금의 위안을 삼고자 한다. 본 저서가 '부산음식의 학문적 성과'에 이를 때까지, 다시 한 번 신발 끈을 조여매는 하나의 계기가 됐으면 한다.

차례

4 들어가는 글_음식으로 읽는 부산

1부 섬을 품고 흐르는 낙동강의 맛

16 소박하면서도 깊은 맛 **낙동김**
22 아삭한 첫맛, 달큰한 뒷맛, 명지 염전터에서 피어오르다 **명지대파**
28 새벽을 여는 재첩국 아지매 **재첩**
40 임금님께 진상한 귀한 몸, 낙동강 봄 별미 **하단포 웅어**
46 독특하게 회 쳐 먹는 명지사람들의 가을 별미 **전어**
52 깨끗한 물에서만 사는, 맛이 좋아 맛조개 **개맛**
57 갈매기 부리 닮은 주황 속살 **갈미조개**
62 봄 바다의 전령, 원기 돋우는 초봄 별식 **도다리**
67 쫄깃쫄깃 아릿한 풍미 **큰구슬우렁이**
72 혀에 착착 감기는 짭조름한 면발 **구포국수**
77 가을 한 철 어획하는 낙동강 대형 게 **청게**
82 낙동강 하구의 담박한 건강식 **민물생선**
87 겨울의 고소한 진객 **다대포 방어**
92 물김에 무쳐 먹고 꼬시래기 살로 쌈 싸 먹고 **꼬시래기**
98 생선계의 갑(甲) 시원한 국물이 일품 **대구**

2부 바다를 품은 땅, 기장의 맛

104 기장의 이파리쌈과 곰삭은 젓갈의 만남 **산호자 멸치젓갈 쌈밥**

109 조리법은 다채롭고 가격은 착한 서민 음식 **방게**

115 갖은 양념 털어 넣고 끼니로 대용했던 우무 **기장우묵**

121 고소한 추억 한입 **메뚜기볶음**

127 기장 앞바다의 향긋함이 푸들푸들 살아 오르는 **미역설치와 몰설치**

133 잔칫상에 빠지지 않는 기장의 대표 음식 **매집찜**

139 싱싱한 비린내와 곰삭은 풍미 **대변 멸치**

145 힘이 불끈불끈 바다의 보양 식재료 **붕장어**

150 입안에서 피어나는 선홍빛 꽃잎 **철마한우**

155 영양가 높은 추억의 구황음식 **먹장어**

161 말똥처럼 생겼지만 최고급 '바다의 에피타이저' **앙장구**

167 기장 대표 보양식, '바다 십전대보탕' **말미잘 요리**

173 씨알은 작아도 다양한 입맛의 쓰임새 **기장 갈치**

3부 역사를 품은 곳, 원도심의 맛

180 부산을 닮아 따뜻한 음식 **부산어묵**

187 자갈치시장 서민음식 **두투**

193 디아스포라의 음식 **화교밥상**

199 열린 맛의 실크로드 **초량 외국인거리 요리**

205 부산은 물회 전시장 **물회**

210 부산 바다를 건져 올리다 **해녀촌**

216 부두 노무자들의 영양 보충 노동식 **초량 돼지갈비**

221 부산 문화지식인들의 참새 방앗간 **국제시장 통술집**

227 부산의 부엌, 조선 최대 공설시장 식도락의 성지가 되다 **부평깡통시장**

232 한 점씩 씹을 때마다 펼쳐지는 맛의 향연 **자갈치시장 고래고기**

237 감칠맛의 궁극, 전문가용 생선회 **선어회**

243 부산 앞바다 깊은 수심 속 '전설의 물고기' **돗돔**

248 국내 최대 양곱창 골목, 일본인도 반해 찾아오는 맛 **양곱창**

4부 구석구석 골목골목, 부산의 맛

254 바다 식재료로 만든 이색 보양식 **추어탕식 생선국(바다추어탕)**

260 부산의 대표 생선, 다양한 풍미의 조화로움 **고등어회**

266 부산의 소울푸드 **돼지국밥**

272 뜨거우면서도 시원한 부산사람 성정을 닮은 맛 **복국**

278 못생겨도 맛은 그만 **아귀**

283 대구와 쌍벽을 이루다, 겨울 식도락의 향연 **물메기**

289 이북의 장떡, 부산에 오다 **장떡**

294 부산이 선물하는 공유와 배려의 음식 **밀면**

299 전통 누룩으로 담근 대한민국 제1호 민속주 **산성마을 누룩과 산성막걸리**

PART
01

섬을 품고
흐르는
낙동강의 맛

낙동김

소박하면서도 깊은 맛

"후루룩~" 면을 한 젓가락 크게 빨아들이니 한 움큼 바다가 입으로 쏟아져 들어온다. 짭조름하면서도 들큰한 맛이 입안 가득 퍼진다. 코끝으로 싱그러운 해감내가 그윽하고, 면을 씹을 때마다 찰박찰박 부드러운 파도소리가 들린다.

뚝배기를 들고 국물을 한 모금 들이켠다. 향긋하고 상쾌한 김 냄새와 라면 특유의 짙은 양념이 절묘하게 어우러진다. 진하면서 시원하고, 강한 양념 속에 피어오르는 그윽한 담박함이, 전혀 새로운 맛의 경지에 이르게 한다.

한 겨울, 땀을 뚝뚝 흘리면서 라면 한 그릇을 다 비운다. 제대로 만든 해장국 한 그릇 오지게 먹은 느낌이다. 이렇게 후련하고 속이 확~ 풀리는 라면이 또 있을까 싶다. 낙동강 하구에서 생산되는 '낙동김'을 넣고 끓인 '물김라면'이 바로 그 주인공이다.

부산 강서구 명지동 영강포구. 강바람이 매서운 겨울날씨임에도, 물김을 실은 작은 선외기들이 연신 꼬리를 물고 포구로 들어온다. 낙동강이 키운 '낙동김'이, 이곳에서 집산되고 전국 각지로 출하되기 때문이다.

낙동김은 낙동강 하구 삼각주 부근에서 생산되는 '부산의 김'이다. 기수지역의 알맞은 염도와 적당한 조류가 알뜰살뜰 보살펴 키웠기에, 부드럽고 향긋하면서도 단맛이 도는 것이 특징이다.

어촌계가 있는 영강포구
김을 채취하고 있는 모습, 물김밥상

특히 색깔이 까맣고 윤기가 흘러, 김밥용 김으로도 전국 최고의 품질을 자랑하고 있다. 때문에 한때 전량 일본으로 수출되는 고급 음식이기도 했거니와, 전국적으로 유명한 완도김에도 "낙동김이 섞여야 고급상품이 된다."할 정도로 귀한 대접을 받고 있는 것이다.

끼니때마다 밥상에 올라 전 국민의 사랑을 독차지하는 '김.' 우리는 언제부터 이 김을 먹기 시작했을까? 『삼국유사』에 따르면 "신라시대 때부터 김을 먹었다."고 전한다. 『삼국사기』에는 "정월대보름날 김에 밥을 싸먹었다."는 기록이 있으며, 조선시대 저술된 『경상도지리지』는 "경남 하동지방의 특산품"이라 썼고, 『동국여지승람』에는 "전남 광양군 태인도의 간석지에서 최초로 김 양식을 시작했다."고 서술하고 있다.

여러 문헌의 기록으로 보아 우리 민족은 오래전부터 김을 채취해 먹었으며, 조선시대부터는 사람의 힘을 빌려 김을 양식한 것으로 보인다. 부산의 '낙동김'도 광양의 김 양식 시기와 즈음하여, 낙동강 하구에서 생산되었을 것으로 짐작하고 있다.(『강서구지』)

낙동김은 원래 낙동강 하구 간석지인 신호도와 진우도 일원에서 생산되었다. 지금은 그물망을 사용하는 '망홍식 양식'이지만, 예전에는 김 포자를 붙인 갈대와 나뭇가지, 대나무 등을 묶은 '섶'을 갯벌에 꽂아 생산하는 '섶 양식'이었다. 모든 작업이 하나하나 사람 손이 가는 일들이라, 김 양식 농가는 양식 철이 되면 온 가족이 김 농사에 매달려야 했다.

섶에다 포자를 붙이는 일이나, 밀물과 썰물 때 김발을 뒤집어 햇빛으로 김 소독을 하는 일, 수확한 물김을 일일이 손으로 갈아서 물에 풀고, '김 틀'에 올려 마른 김을 만드는 일까지 사람의 손을 빌려야 했다.

어린 시절 아버지의 섶 양식 일을 도왔던 '명지할매재첩국' 대표 정동일 씨는, 배가 고플 때 물김에 굴이나 망둑어 등을 얹어 '물김쌈'을 싸 먹었다고 한다. "갯일을 하다가 시장하면 쩍(석화)을 캐 물김에 싸먹곤 했습니다. 물김쌈 몇 개만 싸먹으면 시장기가 가시고 배가 불뚝 일어섰지요."

김을 생산해도 식구들에게 돌아갈 김은 없었다. 일본에 전량 수매되는, 워낙 귀하고 비싼 음식이기에 그랬다. 어쩌다 '김발'에서 말린 김을 잘못 떼면 파치(파지)가 나는데, 이렇게 파치 난 김이라야 식구들 차지가 되곤 했다.

늘 배가 고픈 시절이라 친구들끼리 김서리도 제법 했단다. "햇빛에 김을 소독하기 위해 김발을 뒤집어 놓으면, 그 아래로 살금살금 들어가 물김을 뜯어 먹었어요. 당시 김이 귀하기도 했지만 달짝지근한 게 입에서 살살 녹았죠." 명지주민 표종용 씨의 말이다.

낙동강 유역 사람들은 낙동김을 물김 형태로 많이들 먹었다. 가을 햇김이 나올 때쯤 망둑어회를 물김과 초장에 무쳐 내는 '꼬시래기물김회무침'과 낙동강 굴과 콩나물, 무채 등으로 시원하게 끓여 내는 '김국', 상큼한 물김에 무채와 다진 명지대파를 넣고, 참기름 한 방울 떨어뜨려 조물조물 무쳐 내는 '물김무침' 등이 대표적이다.

동네 할머니들은 조금 억세진 끝물 물김으로 쌈을 싸 먹기도 한다. '물김쌈밥'이다. 상품가치가 떨어지는 끝물 김을 갈대발에 미역처럼 척척 올려 말린 후 쌈을 싸 먹는데, 지금도 정입분 할머니는 입이 적적하면 이 '김쌈'을 먹는다고. "너거 '김쌈' 안 묵어 봤제? 씹는 맛이 얼매나 좋타꼬. 해감내가 풀풀 나는 기 참 꼬시기도 하고 말이라.”

라면이 보편화되면서부터는 물김을 넣은 ‘김라면’이 이 지역의 ‘마을음식’으로 등장한다. 라면을 끓일 때 김을 넣고 끓이면, 라면 특유의 밀가루 냄새도 없어지고 상큼한 해초 냄새와 구수한 국물이 일품인 ‘라면요리’가 된다는 것.

명지동 진목마을 주민 양정희 씨에 따르면 “술을 많이 마신 다음 날 아침 김라면으로 속을 풀면 숙취가 한꺼번에 풀린다.”며 “해장음식으로 김라면보다 더 좋은 음식은 없을 것”이라 단언한다.

정동일 씨는 입맛이 없고 찬거리가 마땅찮을 때, 초벌김이나 두벌김을 함께 넣고 ‘물김밥’을 해 먹는다. 윤기 자르르 흐르는 ‘물김밥’을 양념장에 쓱쓱 비벼 먹으면, 김의 향긋한 내음과 감칠맛이 숟가락을 내려놓을 때까지 계속 입에서 돌아 ‘풍성한 만찬’을 즐길 수 있다고.

‘낙동김’으로 만든 음식을 맛보기 위해 명지신도시의 ‘명지할매재첩국’집을 찾았다. 안주인 윤순미 씨와 그의 지인 정명희 씨가 ‘낙동김 음식’을 재현해 주었다. 물김으로 명지에서 먹는 다양한 음식을 내놓은, 일명 ‘낙동김 밥상’이 그것이다.

먼저 물김으로 부친 ‘김전’이 나온다. 물김에 얇게 썬 명지대파를 넣고 밀가루로 부쳐 내는 부침개다. 부침가루는 김이 붙을 정도만 소량 사용해야 김의 풍미를 살릴 수 있다.

‘김전’을 먹고 있으니 몇 가지 반찬과 함께 ‘물김무침’이 상에 오른다. 물김에 무채와 쪽파, 마늘, 땡초 등을 넣고 개운한 멸치액젓으로 버무려 그 위에 깨소금을 솔솔 뿌렸다.

곧이어 '물김밥'과 '물김국'이 올라온다. 불린 쌀에 물김과 무채, 굴 등을 함께 넣어 밥을 지은 '물김밥'은, 기분 좋은 밥 냄새에 김 향기가 향긋하게 어우러져 겨울철 최고의 별미를 자랑한다. 김은 향이 날아가는 것을 방지하기 위해 뜸을 들일 때 넣는다. 밥물은 일반 밥 지을 때의 반 정도로 잡아야 맛있는 '물김밥'이 된다.

'물김국'은 물김에 무채와 굴을 넣고 팔팔 끓여서 어슷하게 썬 명지대파를 띄웠다. 소금으로만 간을 해 시원함을 극대화했다. 향기로운 해조류 냄새가 상쾌하게 돌다가 뒤이어 굴이 풍부한 바다의 맛을 데리고 와 출렁인다.

'물김라면'도 올라온다. 물김라면은 조리하기에 아주 편리한 음식이다. 라면이 다 끓을 때쯤 물김을 한 덩이 넣어주기만 하면 된다. 물김은 소주잔에 꾹꾹 눌러 담은 정도의 양이 알맞겠다. 김 수확 철에는 물김을, 그 외의 계절에는 적당량 소분하여 냉동시켜 두었다가 사용하면 된다.

이렇듯 소박하면서도 다양한 음식으로 변주되는 낙동김은, 낙동강 사람들의 땀과 삶의 애환이 고스란히 집약된 식재료이다. 부박한 환경 속에서도 낙동강에 터를 잡고 꿋꿋하게 삶을 일궈온 낙동강 사람들. 그리하여 '낙동김'은 보살펴 기르는 사람들의 성정을 닮아, 든든하고 맛깔난 한 끼 식사가 되고, 깊고 그윽한 '부산 맛'의 원형으로 발현되기도 하는 것이다.

명지대파

아삭한 첫맛, 달큰한 뒷맛
명지 염전터에서 피어오르다

빈 벌판에서 짚불을 놓는다. 삽시간에 번지는 붉은 화염에 얼굴이 화끈화끈 달아오른다. 중년 사내 몇이서 짚단에 화르르~ 불을 놓고, 대파 한 단 불속으로 툭툭 던져 넣는다. 얼마나 됐을까? 활활 타오르는 짚불 속에서, 숯검정이가 된 굵직한 대파 한 개씩을 집어든다.

그리고는 새카맣게 그을린 대파껍질을 죽죽 벗겨낸다. 그러자 김이 모락모락~ 잘 익은 대파의 하얀 속살이 야들야들 수줍게 드러난다.

한 입 베어 무니 향긋한 파 향과 함께 달콤한 대파의 채즙이 가득 터져 오른다. 은근한 감칠맛이 상상 이상이다. 곧이어 잘 익은 채육을 씹으니 수밀도를 먹는 듯 촉촉하고 부드럽다.

겉은 파의 식감이 그대로 살아 있어 아삭거리고, 속은 부드러운 야채스프를 한 모금씩 떠먹듯 다디단 진액이 가득 흘러넘친다. 소주 한 잔에 대파구이 또 한 입 베어 먹는다. 쓴 소주 맛 뒤로 달큼한 파의 채즙과 보들보들한 채육이 너무 잘 어우러져 무릎을 친다. 강서구 명지의 대파 밭에서 맛보는 '대파구이' 이야기이다.

겨울의 한파가 맹위를 떨치던 날, 한창 수확 철을 맞은 명지대파 밭을 찾았다. 강서구 명지동 평성리. 농로 따라 파밭이 이어지고, 그 사이로 수확한 대파를 손질하는 대파작업장이 들어서 있다.

작업장에 들어서니 한창 가족들과 '시장 단(시장 출하용 다발묶음)' 작업을 하던 주인헌 씨가 반가이 맞는다. 하루 작업량을 물으니 '시장 단으로 이삼백 단 정도를 작업하고 있다.'고 한다. 중국산 대파 때문에 가격이 늘 불안정하지만, 그래도 명지대파는 '브랜드 값'이 있으니 그나마 조금은 낫다고.

그도 그럴 것이 부산시 명지동은 우리나라 근대 대파농업이 시작된 곳이다. 전국에서 제일 먼저 대파를 생산한 곳이란 뜻이다. 한때 전국 파 생산의 70% 이상을 차지하기도 했던 지역이다.

원래 명지는 영남지역을 커버하던 질 좋은 소금(자염)을 대량생산하던 마을이었다. 그러나 사라호 태풍 때 수많은 염전이 유실되고, 천일염에 비해 채산성이 현격히 떨어져 1960년대 이후 대부분의 염전이 폐전된다. 그 염전 땅에 대체작물로 대파를 심었는데, 의외로 작황이 좋아 크게 농가수익을 올리게 된 것.

그러면 왜 명지가 대파의 최대 생산지가 된 것일까? 예부터 명지 부근은 낙동강 하구 모래톱이 육지화된 곳으로, 대파생육에 적절한 해풍과 월동이 가능한 따뜻한 해양성 기후, 소금기가 적당히 함유된 모래토양 등, 대파생산에 있어서 최상의 생장요건을 갖추었던 것.

때문에 모래토양의 명지대파는 파 부위 중 가장 맛있는 부분인 '하부(뿌리 쪽 흰 부분. 연백부)'가 길고 단단하면서 광택이 난다. 그리고 향이 깊고 맛도 달다. "명지대파는 이랑을 깊이 파고 괭이로 수시로 북을 높이 올려주기에 하부가 길고 좋다." 인헌 씨의 설명이다.

이처럼 명지는 적당한 기후조건에 월등한 재배기술이 결합되어 최고의 대파를 생산하게 됐던 것. 현재 전국의 유명 대파생산지도 명지의 인력과 기술로 지금에 이르렀다고 한다.

"지금은 전라도 대파가 전국의 생산량 30%를 웃돌고 있잖아. 그것도 '명지사람'이 이주해서 '명지대파 기술'로 시작한 거라. 그뿐인가? 제주도 대파, 강원도 대파도 명지사람들 기술이 들어간 거지."

한때 명지대파 유통업을 했던 강용운 씨의 말이다. 그러고 보니 지금의 우리나라 대파 생산기술은 모두 명지에서부터 시작된 셈이다.

몇몇 지인과 어린 시절 맛있게 먹었던 대파구이를 맛보기 위해, 명지벌판에 구덩이를 파고 짚불을 놓는다. 인헌 씨가 하부가 튼실한 대파 두어 단과 삼겹살, 소주 두어 병을 준비한다. 졸지에 찬바람 맞으며 대파구이로 술추렴이 시작된 것이다.

인헌 씨가 대파를 불 위로 던져 넣으며 "겨우내 '얼었다 녹았다'를 두세 번 반복한 놈이 맛있다." 차고 설명한다. 가운 해풍과 추위를 견더내며 '마음의 고갱이'를 안으로, 안으로, 꼭꼭 품은 대파만이 향기롭고 들큰하니 맛 또한 깊어진다는 뜻이다.

밑불재료는 주로 짚을 사용하지만 주위의 마른 갈대나 잔가지도 사용한다. 특히 대파의 마른 겉잎으로 구우면 파 향이 훈연되어 더욱 향기롭다. 한참을 불 위에 던져두었다가 대파가 새카맣게 탈 때즈음 꺼내니, 달콤하고 은은한 파 향이 코끝에 감돈다.

"함 들어보이소. 꿀맛입니다." 인헌 씨가 사람 좋은 얼굴로 잘 구운 대파 하나를 까서 건넨다. "옛날에는 파 수확하다 파치(두 동강나 상품가치가 없는 대파)가 나면, 이놈들을 모아놨다가 시장할 때 구워 먹었지요."

"겨울에 파 작업 하면 얼매나 춥노? 이럴 때 새참으로 소주 한 잔

대파구이
파밭에도 도시화가 진행되고 있다.

에 대파 파치 구워가꼬 안주하면 쥑인다 아이가~" 대파를 다발로 묶는 작업을 하던 노인이 한 마디 거든다. "6~70년대만 해도 아이들에게는 겨울철 최고의 간식이었어요. 대파 수확하고 나면 파치들이 제법 나오거든요. 그러면 파밭 이랑에다가 짚불을 놓아서 파치를 굽는 거예요. 매운 연기 마셔가며 구워 먹으면, 추위도 녹이고 시장기도 가시고 일거양득이었죠."

그리고 겨울방학 때면 대파 수확이 끝난 파밭에서, 끼리끼리 '대파 파치' 줍는 일을 했다. 집집마다 어머니들이 어린 자식들 모아온 대파 파치를 시장에 내다 팔아 어려운 살림의 생활비를 보탰던 것.

그리고 파치를 모은다고 수고한 자식들에게는 일이십 원씩을 손에 쥐어주곤 했는데, 그 돈으로 군것질도 하고 학용품도 사곤 했다고. "풀빵 10원어치를 사면 양쪽 바지 주머니가 가득했어요. 그 풀빵을 두고두고 먹곤 했지요" 인헌 씨가 아련한 추억에 빠진듯 생각에 잠긴다.

"그 시절에는 대파 한 평 팔면 가락동 땅 한 평을 샀지. 그만큼 그때는 명지파가 금이 좋았거든. 그래서 파밭 농사한 사람들은 모두 집도 사고 논도 사고 그랬다고. 대파농사 지으면 그때는 부자 소리 들었지. 명지 갯가 일은 손에 물 떨어지면 돈도 떨어지는데, 대파농사는 아니라~ 일꾼들 임금도 넉넉하니 좋았고…." 강용운 씨의 말이다.

그러나 이제 서부산 개발과 에코델타시티 등 급격한 도시 개발에 밀려, 명지의 파밭 또한 빠른 속도로 감소하고 있는 추세다. 때문에 명지의 중년들은 명지파밭과 함께 그들의 아름다운 유년의 추억마저 사라지는 것 같아 마냥 아쉬워하고 있는 것이다.

그런데 명지와 달리 유럽에는 이 대파 하나로 전 세계의 관광객을 모으고 있는 곳이 있다. 바로 스페인의 카탈루냐 지방이다. 그곳에는 매년 겨울이면 '칼숏타다(Calçotada) 축제'라는 '대파구이 축제'가 열려 수많은 식도락가를 끌어모으고 있다.

지중해 연안에서 자라는 서양대파 '리크'를 스페인에서는 '칼숏(Calçot)'이라 부르는데, 이 '칼숏'으로 만든 대파구이 '칼숏타다'는 스페인의 겨울철 대표 음식으로 손꼽힌다. 우리의 대파구이처럼 숯불에 직화로 구운 '칼숏'을 견과류와 토마토, 스페인 고추 등을 베이스로 한 고소한 '로메스코 소스'에 푹 찍어 먹는 것이다.

상상해보라. 칼숏이 수확되는 매년 1~3월 동안, 수많은 사람들이 스페인 시골의 드넓은 들판에서, 갓 수확한 칼숏을 직접 숯불에 활활 구워, 불 향 가득한 숯검정의 칼숏껍질을 죽죽 벗겨내고는, 달콤한 진액이 가득 넘치는 따끈한 칼숏 속살을 통째로 입에 넣고 씹어 먹는 모습을~!

세계적 별미음식인 '칼숏타다'와 명지의 향토음식 '대파구이', 그리고 그들의 칼숏타다에 곁들이는 '숯불고기'와 우리의 '짚불삼겹살'은 그다지 다르지 않다. 굳이 다른 점이 있다면, 그 지역 역사와 문화를 고스란히 품고 있는 지역음식의 '고소한 스토리텔링' 개발과 소소한 아이디어를 '반짝이는 콘텐츠'로 승화시키고자 하는 노력의 차이일 것이다.

그러하기에~! '명지대파'가 가야 할 길을 스페인의 '칼숏타다'에서 찾을 수 있을 것이다.

재첩

새벽을 여는 재첩국 아지매

"재~칫국 사이소, 재칫국~" 부산의 중년이라면 새벽녘 꿈결처럼 들려오던 재첩국 아지매의 친근한 목소리를 기억할 것이다. 부산 곳곳의 골목길을 돌아들며, 채 온기가 가시지 않은 따끈따끈한 재첩국을, 부산의 새벽과 함께 배달하던 여인들.

예부터 부산의 진미 식재료 중 하나로 손꼽히던 '낙동강재첩.' 맑은 물에서만 자라는 순한 성품의 재첩은, 낙동강의 넉넉한 품속에서 자라나 부산 사람들의 건강한 밥상을 책임지곤 했다. 낙동강이 키운 것 중 최고의 식재료였던 것.

가막조개, 재치, 애기재첩 등으로도 불렸는데, 모래나 모래진흙 등에서 주로 서식을 했다. 낙동강권에는 강 하구의 김해, 명지, 엄궁, 하단 등과 물금, 원동 지역에 이르기까지 널리 재첩을 채취했을 정도로 개체수가 많았고, 그 생장분포도 광범위했었다. 그러나 1987년 낙동강 하구언이 축조되면서 거의 명맥이 끊어졌다.

재첩은 이미 신석기시대 때부터 사람들이 먹어온 조개류이다. 그러나 주요 식재료로 본격적인 어업을 시작한 것은 일제강점기를 지나면서부터이다. 이후 한국전쟁을 거치면서 부산으로 온 피란민들이 즐겨 먹으며 대중화 과정을 거쳤던 것으로 보인다. 특히 낙동강 재첩은 구두약처럼 새까맣고 반들반들 윤기가 돌아 일본인들이 매

1970년대 명지포구의 재첩잡이배(강서구청 제공)
낙동강에 재첩종패를 뿌리는 모습, 낙동강재첩

우 좋아했다고 한다.

한때 재첩은 낙동강 하구에 지천으로 잡히던 조개였다. 재첩이 얼마나 많았으면 아이들이 강에서 물싸움하면서 '돌 대신 재첩을 긁어 던졌다'는 이야기가 있을까? 낙동강 사람들은 이렇게 재첩으로 밥을 대신하거나 밥과 함께 다양한 음식들을 해 먹어왔다.

찹쌀가루를 풀어 재첩과 갖은 거섶을 함께 넣고 걸쭉하게 끓여낸 재첩찜, 된장물에 재첩만 넣고 보글보글 끓인 재첩된장국, 묵은 김치 넉넉히 썰어 재첩과 함께 끓여낸 재첩김칫국, 초고추장에 이런 저런 남새와 재첩알을 비벼 먹었던 재첩회…. 이들 중 재첩회 등은 아직도 찾아볼 수 있지만, 이외의 것들은 낙동강재첩과 함께 사라질 위기의 음식이 돼버렸다.

그나마 재첩의 명맥을 이어오며, 최근까지도 낙동강재첩을 생산해오고 있는 지역이 명지이다. 몇몇 어부들이 하동의 종패를 식재하고, 명지 앞바다에서 재첩을 키워 수확을 하고 있는 것이다.

낙동강재첩음식을 취재하기 위해 '명지할매재첩국'을 찾았다. 이곳에 명지토박이 몇 명도 초대해 자리를 만들었다. 앉자마자 양정희 씨가 대뜸 "이 집 사장이 '덕성식당' 아들입니다." 한다.

'덕성식당'은 낙동강 하구에서 최초로 문을 연 재첩국집이다. 워낙 유명하여 명지, 대저지역 사람들 대부분이 이곳 재첩국을 사다 먹었을 정도이다. 재첩어부 아버지 장봉용 씨가 재첩을 잡아 오면, 어머니 유남순 씨가 가마솥에 나무장작으로 불을 때서 재첩국을 끓였다.

"얼마나 재첩 끓이는 냄새가 진했는지, 동네사람들이 지나가다가 들어와 먹고 갈 정도였어요. 때문에 동네 술꾼들은 모두 이곳에 모여 과음한 속을 풀었고, 술집 아가씨들도 새벽에 문을 두드려 재첩국 한 그릇 훌훌 마시고서야 퇴근을 할 정도였지요." 양 씨의 말이다. "하구언 만들어지고 나서는 하단사람, 시내사람들도 여기서 다 해장했습니다." 서정율 씨가 덧붙인다.

음식이 나오기 전, 정동일 대표가 재첩진액을 한 잔 권한다. "한 잔 자시보이소. 제대로 찐할 낍니더." 불에 달군 큰 가마솥에 재첩만 넣고 끓이면 재첩이 입을 벌리고 몸속의 수분을 토해내는데, 이 국물이 '재첩진액'이다. 이 진액은 국물이 푸르스름한 색감이 돌 정도로 진하다. 소주잔에 가득 채운 진액을 단숨에 털어 넣는다. 너무 진해 입 전체가 아릿하다. 꽤 오래도록 얼얼한 느낌이다.

"옛날에는 할매들이 며느리가 임신중독으로 황달에 걸리면, 우리 재첩진액을 먹여 낫게 했다 아입니까. 그만큼 간에 좋다 카데요. 할배 할매들 눈도 밝아진다 카고요." 낙동재첩은 뻘 속 다양한 영양소를 먹고 자라기에 "처음 먹는 사람들은 너무 진해 설사를 하는 등 곤욕을 치른다."고.

곧이어 걸쭉한 '재첩찜'이 상에 오른다. 재첩국물에 찹쌀가루를 풀어 끓이다 걸쭉해지면 고사리, 미나리, 정구지, 방아 등 야채를 넣고 한소끔 더 끓인 후 낸다. 한 젓가락 맛본다. 고사리의 고소한 식감과 미나리의 향긋함, 방아의 진한 맛이 서로 어우러진다. 모두 봄나물들이라 각자 특유의 향을 뿜어내어 상쾌하기 이를 데 없다. 재첩의 아릿한 맛도 물씬 난다.

"먹을 게 없고 배고플 때 재첩 넣고 찹쌀가루나 밀가루로 '풀데죽'을 만들어 배를 채웠어요. 강에서 재첩 몇 개 긁고, 도랑에서 돌

미나리 뚝뚝 뜯어 넣어 만들어 먹었지요. 배가 고플 때라 그랬는지 식어도 맛있었어요." '낙동강토속재첩음식'을 재현해준 장기자 씨가 그 시절 재첩찜의 추억담을 들려준다.

재첩된장국이 올라온다. 된장물을 풀고 생재첩을 통째 넣어서 팔팔 끓여서 냈다. 한 술 떠보니 된장국 베이스에 재첩의 진한 육수가 함께 어우러져 시원하고 맛이 깊다. 된장과 재첩만 넣었을 뿐인데, 어떻게 이렇게도 담백하고 깔끔할까?

"아이고~! 이거 캤다고 진짜 욕봤심더. 된장국에는 큰 재첩을 넣어야 육수가 마이 나온다 아입니꺼. 그란데 요새 그리 큰 기 나옵니꺼?" "내가 신호대교(서낙동강 하류에 있는 다리) 쪽에서 손으로 직접 캤다 아인교." 정 대표의 정성이 고맙다.

한때 된장국에 넣을 식재료가 마땅찮아 토종된장에 바락바락 씻은 재첩조개만 넣고 짭조름하게 끓여낸 음식이 이제 뜨겁게 한 술 뜨면 속이 환하게 풀리는 웰빙음식이 되었다. 자그락자그락 재첩껍데기를 헤치며 국물 한 술 더 뜨니 참 좋다. 숟가락을 도저히 멈출 수 없을 정도로 구수하고 중독성이 있다.

"부모님이 대마등(명지 앞 바다의 모래톱)에서 대파를 키웠는데, 날물 때 일 마치고 소 구루마(소달구지) 끌고 나올 때면, 국거리로 뻘에서 재첩을 캤어요. 뻘 어디라도 손으로 조금만 파면 재첩이 나왔어요. 그걸로 식구들이 국 끓여 먹었심더. 근데 요즘은 통 그 맛이 안 나네요." 표종용 씨의 말이다.

이어서 재첩회가 상에 오른다. 삶은 재첩알과 미나리, 홍당무, 오이, 깻잎, 상추 등 채 썬 야채를 초고추장에 쓱쓱 비벼서 먹는 음식이다. 한 술 입에 넣고 씹어본다. 우선 재첩 특유의 흙내가 기분 좋

게 난다. 그리고 뒤이어 아삭거리는 야채의 식감이 어울리며, 새콤달콤하고 매콤하면서도 재첩살의 구수함이 제대로 느껴진다.

재첩지짐도 상에 오른다. 재첩국물에 밀가루를 풀고 봄정구지와 재첩살을 넣어 지짐을 굽는다. 바싹바싹하고 고소한 맛이 막걸리를 부르는 맛이다. 간을 조금 했기에 간간하니 좋다. 가끔 재첩알이 씹히는 게 이 음식의 특징적인 재미겠다.

몇 순배의 술잔이 오래도록 돌고 돈 후 드디어 팔팔 끓는 재첩국이 상에 오른다. 옛날 부산 주당들에게는 공인된 아침술국 재첩국. 정구지 한 줌 넣고 한 사발 뜨겁게 후후~ 불어 마시면, 재첩의 짙은 아릿함과 함께 속이 확~ 시원하게 풀리던 시절이 있었다.

재첩국을 한 술 떠 먹어본다. 역시 조개 아린 맛이 진하다. 뜨거운 국물이 '짜르르~' 시원하게 속을 훑고 지나간다. 뜨거우면 뜨거울수록 속이 환~하게 잘 풀리는 것이 재첩국의 특징이라면 특징이다. 이 맛에 재첩국으로 해장을 하는 것이리라.

"야~! 명지남자들 재첩국 덕 톡톡히 봤겠는데요?" 하니 "와 아이라요. 이거 없었으면 명지남자들 모두 술병 나서 명대로 못 살았을끼구마는."

명지토박이들과 낙동강재첩 이야기를 나누며 소주 한 잔 거나하게 마시다 보니, 문득 "재칫국 사이소~" 재첩국 파는 소리가 환청처럼 들리는 듯하다. 그래, "재칫국 사이소~" 재첩국아지매들의 목소리에 우리 부산의 새벽이 깨어나듯, 토속 낙동강재첩음식 한상으로 낙동강재첩은 아직까지 우리 추억 속에 남아 있었던 것이다. 지금은 먹기 힘들어진 재첩음식. 배고플 때 먹던 옛날 그 재첩음식이 새삼 그리워지는 요즘이다.

며칠 후 낙동강재첩으로 재첩향토요리를 재현했던 장기자 씨가 낙동강변으로 손재첩잡이를 간다고 하여 따라 나섰다. "몇몇 어부들이 재첩종패를 뿌린 후부터, 물때가 맞으면 신호대교 아래 갯벌에서 가족들 먹을 만큼씩 재첩이 나온다."고 한다.

"오늘은 물때가 안 맞으니께 을숙도대교 밑에서 가막조개(재첩)를 함 캐보입시더." 재첩잡이 복장을 단단히 한 장 씨가 호미를 들고 노익장을 과시한다. 옛날 '발등'이란 모래톱이 있던 부근으로, 명지신도시 가는 길목이다. 아직까지 갈대밭이 군데군데 남아 있다.

"옛날에는 도로 나 있는 쪽 모두 갈대밭이었어예. 갈대밭 뒤로 낙동강 뚝이 있었고, 그 옆으로 마을(전등마을)이 있었는데, 여게서 소구루마 타고 와가 재첩잡고 했지예." 강변에서 보니 발등으로 가던

소달구지 길 형태가 어렴풋이 남아 있다. 그 길 따라 밭등, 대마등까지 농사를 지으러 다녔다고.

물이 빠지기 시작하는 곳에서 쪼그리고 앉아 강바닥을 호미로 쓱쓱 판다. 한참을 파니 재첩이 조금씩 그 얼굴을 비춘다. "옛날에는 밭등이나 대마등(명지 앞 바다의 모래톱) 쪽에서 날물(썰물) 때 재첩을 캐기 시작합니더. 재첩이 짠물(들물)에는 깊이 들어가고 날물에는 물 가까이 올라오니까예. 조금 깊은 곳에는 엄지손가락만 한 놈들이 막 올라오지예."

한참을 잡다 보니 가져온 소쿠리에 반쯤 남짓 담긴다. 알이 고르고 씨알들이 크다. 장씨가 물에 들어가 재첩을 헹군다. 소쿠리에서 재첩들이 자락자락 씻긴다. 강물에 깨끗하게 세수를 한 재첩들은 햇빛에 반짝반짝 까맣게 윤이 난다.

낙동강재첩은 배로 잡는 '재첩잡이'와 사람들이 직접 강변에서 손으로 잡는 '손재첩잡이'로 나뉜다. 손재첩은 낙동강에 물이 빠지면 아낙들이 손으로 긁어서 잡는다. 흙을 파다 보면 손에 재첩이 잡히는데, 이 재첩을 물에 살살~ 일면 한 손바닥 가득 재첩이 소복했단다.

"아지매들이 이 재첩을 작은 소쿠리에 담아 장에 팔았는데, 일반 재첩보다 알이 굵고 맛이 좋아 비싸게 팔렸습니더." 살기 어려웠을 당시 낙동강 아낙들은 "맨손으로 손 베여가며 채취한 손재첩을 팔아, 새끼들 학교 육성회비와 학용품 등을 사주곤 했다."고 한다.

"옛날에는 풍선배로 재첩잡이를 했습니더. 배에 대나무로 만든 '그리(그레이)'로 강 밑바닥을 긁으면 새카만 재첩이 수도 없이 올왔지예. 그때는 낙동강에 재첩이 쫙 깔려가꼬 얕은 데서도 발에 차이듯 넘쳐났지예." 정동일 '명지할매재첩국' 대표의 말이다.

재첩은 '풍선배'라고 불리는 돛배로 잡았는데, 풍선배는 두 개의 돛대에 앞에는 작은 돛을, 뒤에는 큰 돛을 단 풍력선을 말한다. 배 위에서 긴 대나무 장대 끝에 철사로 만든 갈고리 모양의 '그리'로 강바닥을 긁으면 모래는 빠져나가고 재첩만 남는데, 이를 채취하는 방식이다.

"조류가 약할 때는 사람이 '그리'로 긁어서 잡고예, 물살이 쎄면 사람이 '그리'를 못 끄니까 배 옆에 물풍선을 달아 재첩을 잡습니더." '물풍선'은 길고 넓은 천을 배 옆면에 고무풍선처럼 다는 것으로, 조류의 저항을 받게 해 배를 천천히 움직이게 하는 역할을 한다.

이 물풍선을 달고 그 반대편에는 '그리'를 여러 개 달아 썰물에 배를 띄우면, 조류를 따라 배가 강을 천천히 훑으며 재첩을 잡아 올리게 되는 것이다. 주로 강변의 1~2m 수심에서 채취를 했다고.

"옛날에 우리 아버지는 이 풍선배로 하루에 한 말들이 마대자루 열 말씩을 잡았십니더.한 달에 이십여 일 재첩을 잡았으니까 한 달에 사백말쯤 잡았을 낍니더. 재첩을 잡으면 '얼개미(체)' 작업을 하는데, 구멍의 크기 따라 1번, 2번, 3번 얼개미가 있었습니더. 얼개미에서 빠져나가는 작은 놈들은 다시 강에 놓아주고예."

'얼개미'는 재첩의 크기대로 선별, 분류하는 사각형 모양의 체를 말한다. 이 얼개미로 재첩국용(1번), 된장국용(2번), 일본 수출용(3번) 등으로 분류를 했다고 하는데, 그중 1년에서 1년 반쯤 생장한 2번 '얼개미'의 재첩이 그 식감과 감칠맛에 있어 가장 좋았다고 한다.

재첩을 강물에 씻고 있는 모습
명지 새동네 포구. 옛 선창이 있던 자리

이 재첩을 가마솥에 넣고 나무땔감으로 푹 끓여 재첩국을 만들어 팔았는데, 1970년대 낙동강 하구 유역 최초로 재첩국을 팔았던 덕성식당 유남순 씨는 새벽마다 명지 인근(영강, 진목, 신포)을 돌며 재첩국을 팔았다.

"양찰도우(양철 물동이)에는 국을, 바케스에는 재첩알을 넣어 이고 지고 돌아다니며 팔러다녔지예. 양철도우 위에 비닐을 덮고 그 위에 무명천을 덮어 놓으면 새벽 내내 뜨끈한 재첩국을 팔 수 있었습니다." 정씨의 말이다.

이렇게 재첩국으로 사랑받던 재첩이 본격적으로 일본 수출의 길이 열리자, 재첩잡이 어부들은 큰돈을 벌기 시작한다. 1970년대 즈음이다. 때문에 재첩배가 구포에서부터 삼락, 엄궁, 하단 등지까지 줄을 지어 재첩을 잡았고, 포구에는 늘 재첩껍데기가 산더미처럼 쌓여 있곤 했었다.

당시 명지를 중심으로 배를 가진 재첩잡이 어부들은 낙동강 하구 공유수면에 대나무 말뚝을 박아 재첩어장을 사유화하기도 했다. 어촌계 초기 형태의 모임을 만들어 서로의 이익을 꾀한 것. 이 때문에 재첩아낙들과 심심찮게 실랑이도 벌어지곤 했단다. 요즘도 대나무를 꽂아 자신의 어장임을 표시해둔 곳이 더러 눈에 띈다.

이렇게 낙동강 하구 어디서나 넘쳐나던 재첩은 1987년 낙동강 하구언 축조를 기점으로 거의 사라져버리고 만다. 일부 갈미조개(북방개량조개)잡이 배에서 백합과 함께 간간히 보이는 정도로 그 명맥이 끊어졌던 것.

그러나 명지의 일부 어부들이 하동에서 가져온 종패를 낙동강에 식재하여 양식함으로써, 낙동강 하구에서도 재첩이 일부 생산되기도 했다. 한때 재첩잡이를 했던 김천열 씨 말에 의하면 "명지 앞 백합등과 대마등 쪽에서 많게는 하루에 300kg까지 재첩을 잡았다."고 한다.

특히 비싼 가격으로 일본에까지 수출이 되자, 한때 재첩 양식의 붐이 일어날 정도였다. 2010년도 당시 30kg 기준 2만 원대인 중국산보다 4배 이상 더 비싼 9만 원선에 수출이 됐을 정도였다. 그 시절 재첩 양식을 했던 표종용 씨는 "하동종패 30킬로들이 1포를 2년만 키우면 재첩 3포 정도가 생산되니, 몇천 포씩 뿌렸던 사람들은 얼마나 벌었겠어요?"

요즘 휴일 썰물 때 서낙동강 하구 신호대교 밑에는 많은 사람들이 재첩을 캐며 하루를 보낸다. 이들 중 전문적으로 재첩을 캐는 아낙도 있지만, 가족 단위로 소풍 삼아 나온 이들도 많다. 어찌 됐던 간에 보기에는 퍽 좋은 일인 듯싶다. 하구언이 열리면 토종 낙동강 재첩도 되살아날 것이다.

유기물이 많은 낙동강 떡모래(개흙이 섞여 있는 모래) 속에서 자라기에 인체에 다양한 영양소를 제공하는 낙동강재첩. 때문에 재첩은 '건강을 지키는 파수꾼'이라 불린다. 이 재첩이 낙동강 속에서 튼튼히 뿌리내려 '낙동강을 지키는 파수꾼'이 될지도 지켜볼 일이다.

하단포 웅어

임금님께 진상한 귀한 몸

낙동강 봄 별미

웅어. 바다에서 올라와 갈대밭에서 산란을 하고, 갈대밭에서 많이 잡힌다고 갈대 위(葦) 자를 써서 '위어(葦魚)'라고 부르는 물고기. 꼬리 끝이 칼처럼 생겼다고 도어(魛魚)라 부르기도 한다. 우리나라 서남해안 강을 중심으로 봄철에 많이 잡히는 회유성 어종으로, 몸빛은 은백색으로 빛이 난다. 지역에 따라 '우여', '웅에', '우어' 등으로 불리기도 한다.

살이 부드럽고 뼈가 물러 뼈째 먹는 생선으로, 주로 회로 먹는다. 그 맛이 달고 고소하여 많은 사람들이 좋아하고 즐겨먹었던 어류이다. 조선시대에는 웅어를 잡아 임금께 진상하던 위어소(葦魚所)를 둘 정도로 그 맛이 일품이라, '가을의 진미' 전어와 더불어 '봄의 진미'로 널리 사랑받고 있으며 4~5월이 제철이다.

매년 초봄이면 서해 중부에서부터 웅어가 강 하류로 거슬러 올라와 갈대밭에 산란을 하는데, 2월 말 김포를 시작으로 3월 중순에는 금강, 3월 말에는 영산강, 낙동강은 4월 초에 비로소 웅어가 잡히기 시작한다. 원래 웅어는 보리누름 철인 4월 중순부터 한 달 동안 그 맛이 절정이라 낙동강의 웅어가 전국에서도 제일 맛이 좋다.

때문에 낙동강 웅어의 전진기지인 '하단포'에서 잡히는 웅어가, 전국에서 제일 맛있기로 손꼽히고 있다 한다. '하단어촌계'에서는 주로 4월에서 6월 초까지 조업을 하는데, 한 어선당 하루 약

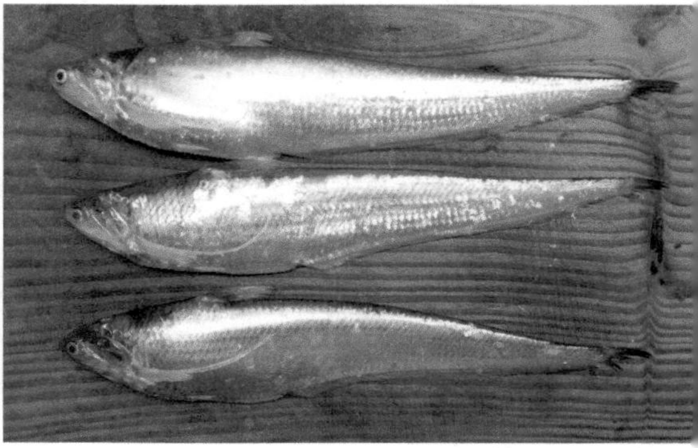

웅어와 웅어회, 웅어회 무침

50~100kg 정도를 어획한다고.

하단포 웅어는 낙동강 하구언을 중심으로 다대포 앞바다에서 주로 잡히는데, 웅어를 전문적으로 조업하는 어민들만 25명 정도이다. 이들이 순번을 정해 하루에 한 번씩 하구언 동서쪽 구역에서 웅어를 어획하고 있다.

웅어는 '걸그물'이라는 자망(刺網)으로 어획하는데, 물고기가 지나다니는 바다 속 조류를 따라 그물을 띠처럼 길게 펼치고는, 웅어가 그물코에 박히거나 걸리도록 장치하여 어획하는 방법이다.

70m 그물을 4~5폭으로 이은 350m의 그물을 하루 두 군데 치는데, 총 700m에 걸쳐 그물을 치고 조업을 한다. 하단어촌계 어민들은 "가을전어와 봄철 웅어로 거의 일 년 수익을 올리고 있다."고 전한다.

하단어촌계를 찾았다. 어민들의 얼굴이 밝지 못하다. "괴정천 하천 정비공사 때문에 뻘이 내려와 올해는 웅어가 전멸입니더. 27~29일 '웅어축제'를 하기로 했는데 이것도 취소됐심니더." 이춘식 어촌계장의 말이다. "아이고 말도 마이소. 작년만 해도 하루 100kg 잡았는데, 어제는 제가 2kg 잡았심더." 베테랑 어부 신경남 씨가 말을 받았다.

웅어는 이들에게 소득원이기 이전에, 두고두고 먹었던 식량이자 추억의 식재료였다. "한 철 잡아 일 년 내내 냉장고에 얼려두고 꺼내 먹는데. 일 년 후에 꺼내 먹어도 그 맛 그대로입니다. 아주 별미지요." "웅어 20여 마리 구우면 참기름 병으로 1병 정도 웅어기름이 나옵미더. 이 웅어기름으로 잔치 때 식용유 대신 부침기름으로 사용했다 아입미꺼. 음식 해놓으면 음식이 너무 고소하고 맛있었지예."

"그뿐인가? 배에서 바로 잡아 대가리, 내장 떼고 통째로 고추장이나 된장에 푹 찍어 씹어 먹으면 얼매나 맛있다고." "그것도 하얗게 꽃 핀 고추장에 찍어 먹어야 제대로 아이가. 식은 밥 한 술에 찌개 해서 먹어도 쥑이지~"

"우리 하단 웅어를 중국에도 수출합니더. 중국에는 웅어가 멸종위기 종이라 아주 귀한 생선이라네요. 고급 식당에서 주로 찌거나 튀겨서 '탕수생선'으로 먹는데, 한 마리에 10만 원 정도 하는 귀한 생선입니더." 웅어를 중국에 수출하는 하용수산 이상찬 대표의 말이다.

하단포 부근에는 웅어 생산지답게 웅어 관련 음식점이 열대여섯 집 영업을 하고 있다. 그중에도 웅어요리로는 대표 격인 식당에 웅어음식을 몇 가지 부탁했다.

"예전에는 하단포, 아니 우리 부산 웅어를 잡는 족족 창녕 남지나 삼랑진으로 다 올려 보냈어요. 그쪽 사람들 봄에 '도다리 먹을래? 웅어 먹을래?' 하면 '웅어 먹을란다.' 할 정도로 웅어를 좋아해요. 부산 생선을 부산에서 알아주지 않는 게 못내 서운하데요. 그래서 저라도 부산사람들에게 '웅어 맛 좀 알리자.' 해서 하단포에서 처음으로 웅어음식을 시작했지요." '외딴집' 이건우 대표의 말이다.

그때부터 이 대표는 하단포 웅어라면 자신이 뺏어서라도 가져와 음식을 준비할 정도로 웅어에 큰 관심을 가지게 된다. "모든 게 생산지에서 먹어야 제맛이잖아요. 특히 웅어는 성질이 급해 그물에 걸리면 바로 죽기 때문에 선도가 좋을 때 먹어야 제맛이 납니다."

식탁에 '웅어회', '웅어회무침', '웅어구이', '웅어젓갈' 등이 한상 푸짐하다. 회 한 점 먹어본다. 구수한 맛이 입안 가득 돈다. 병어회 맛과 비슷하고 전어회 맛과도 흡사하다. 씻은 김치에 싸서 먹는다. 웅어젓갈로 담은 김치라 그 맛이 깊어, 짭조름하면서도 기분 좋은 군내에 군침이 돌고 돈다.

웅어젓갈에 살짝 찍어 회 맛을 본다. 칼칼하면서도 구수한 맛이 오래도록 입에 남는다. 웅어젓갈은 웅어대가리와 내장 등을 소금에 절여 발효시키는데, 이곳은 대가리로만 숙성시켜, 뒷맛이 깔끔하고 잡내가 없이 개운하다.

상추와 민들레, 방아 등속과도 싸 먹으니 바야흐로 무르익은 봄이 입에서 알콩달콩하다. 회무침도 한 젓가락 크게 입에 넣는다. 웅어와 오이, 홍당무, 배, 새싹, 땡초, 깻잎, 마늘 등을 넣어 신선하고 상큼함이 입맛 되돌리는 데 그저 그만이다.

횟밥도 한 술 뜬다. 웅어가 씹힐 때는 고소하다가 채소가 씹힐 때는 아삭아삭하여, 입속에서 각각의 재료들이 어우러져 춤을 춘다. 구이도 한 점 집어본다. 모양이 갈치와도 비슷해서인지 장만해서 구워놓으니 그 맛 또한 비슷하다. 구수하지만 기름지지 않은 맛이다. 바싹 구운 조기 맛도 난다,

이 '웅어'로 출출할 때 국수 삶아 회국수로 먹어도 좋고, 고추장 풀고 채소 넣어 끓인 매운탕에 소주 한 잔 곁들여도 좋으며, 웅어 살을 걸러 만든 추어탕의 질고 구수함을 즐기는 것도 참 좋단다. 보글보글 짭짤하니 조린 웅어조림은 밥도둑이고, 웅어 살로 완자를 만들어 탕수소스에 찍어 먹는 웅어탕수육도 최근 개발한 이색음식으로 인기란다.

이처럼 다양한 음식의 식재료로 광범위하게 쓰이던 '하단포 감초 생선, 웅어.' 웅어는 낙동강 하구 사람들에게는 보리누름 철 배고팠던 시절을 고소하게 보낼 수 있도록 해준 고마운 생선이었다. 그만큼 우리 부산이 지켜야 하고, 우리 시민들이 먹어야 할 식재료이자, 그 맛을 오래도록 보존하고 기록해야 할 향토음식이기도 하다.

웅어구이와 웅어비빔밥

전어

독특하게 회 쳐 먹는
명지사람들의 가을 별미

전어만큼 사람들에게 다양하게 스토리텔링 된 생선이 또 있을까? "전어 굽는 냄새에 집 나간 며느리가 돌아온다."는 얘기부터 "전어 대가리에 참깨가 서 말", "봄도다리, 가을전어" 등 전어의 일미를 추켜세우는 속담들이 즐비하다.

게다가 워낙 맛이 좋아 '신분의 귀천 없이 모두 좋아해 돈(錢)을 생각하지 않고 먹는다.(『임원경제지』)'고 해서 '전어(錢魚)', '화살(箭)처럼 빠르게 헤엄치는 물고기(『자산어보』)'라 하여 '전어(箭魚)'라고 불리는 등, 예부터 전어에 관한 속담과 일화는 심심찮게 전래해왔다.

오래전부터 전어는 싸고 맛있으면서도 귀하게 대접받았던 생선이었다. 그만큼 서민들에게 친숙하고 사랑받는 생선이었던 것. 생선회로도 좋지만 석쇠에 소금 솔솔 뿌려 자글자글 구운 전어구이나 몸통에 칼집 넣고 양념 넉넉하게 발라 조린 전어조림도 그저 그만이었다.

이처럼 다양한 요리로 변주하며 가을을 알리는 전어는, 대표적인 가을생선이다. 여름이 한풀 꺾일 때쯤 남해의 연안으로 올라와, 가을바람이 소슬해지면 맛이 들기 시작하여, 찬바람이 들 때쯤 구수하면서도 진한 맛으로 '절정의 풍미'를 선사하는 것이다.

전어는 남해 전 지역에서 고루 어획되는데 사천의 팔포, 하동의 술상, 보성의 율포 등이 전어 생산지로 널리 알려져 있다. 부산도 전어에 대해서는 꽤나 의미 있는 지역이다. 낙동강을 중심으로 명지, 가덕도, 다대포 앞바다의 기수지역에서 다량의 전어 생산을 하거니와, 활어상태의 '전어회'를 전국 최초로 상업화한 곳 또한 부산이기 때문이다.

강서구 명지동의 '명지시장' 관계자에 의하면 "명지시장은 전국 최초로 전어를 활어상태로 공수하여, 수족관에 살려두었다가 손님들에게 제공하는 방식의 영업을 1970년대 말부터 본격적으로 시작했다."고 밝히고 있다.

원래 1980년대까지만 해도 전어는 선어상태에서 먹던 생선이었다. 워낙 성질이 급해 활어상태로 보존하기가 쉽지 않아, 선어상태의 전어회를 뼈째 먹거나 새콤달콤한 회무침으로 먹곤 했다. 당시 적은 돈에도 한 접시 가득 담겨 나오는 전어회는 맛있으면서도 값싸고 양 많은 '참 착한 생선'이었다.

전어는 산란철 기수지역의 개흙을 먹고 사는데, 가을이 깊어 수온이 떨어지면 개흙을 다 뱉어낸다. 때문에 낙동강권에서는 그때쯤이면 전어회를 비늘만 치고 내장째 썰어서 먹는다. 그래야 '통 마리회'의 진수를 맛볼 수 있기 때문이다.

예부터 낙동강 하류는 바다가 합류하는 지역이라 철마다 맛있는 생선이 지천으로 넘쳐났었다. 특히 가을이면 전어로 파시를 이룰 정도여서 낙동강 하류의 포구는 '전어의 고향'이라 지칭할 정도였다.

이 낙동강 하류의 포구에 자리 잡은 시장 중 하나가 명지시장이다. 때문에 40여 년 전 가덕도와 명지 앞바다 일대에서 잡히는 전어를, 전국 최초로 활어회로 선보인 곳 또한 명지시장이다. 이를 기념하기 위해 매년 가을 '전어축제'를 열고 있기도 하다.

명지전어는 살이 두툼하고 탄탄해 기존의 전어회(전어뼈회, 전어포회)뿐 아니라, 다양한 방법의 통 마리 전어회를 즐겨 먹을 수가 있다. 깨가 서 말 들었다는 대가리를 쫑쫑 쪼아서 콩된장에 푹 찍어 먹는 '전어대가리회'를 비롯해, 전어 통 마리를 두세 토막으로 넙적넙적 큼지막하게 썰어 먹는 '전어넙데기회', 전어대가리를 칼로 곱게 다져 초장에 비벼 먹는 '전어다짐회' 등이 그것으로, 낙동강권 사람들이 전어의 탄탄한 식감과 육즙의 풍성함을 즐기기 위해 선호하는 방식의 전어회이다.

명지시장에서 지인들과 앉아 전어를 먹는다. "낙동강 전어는 '대가리에 깨가 서 말' 이라 대가리도 안 버리고 회로 먹었습니다. 주둥이와 아가미를 떼고 칼집 몇 번 쪼아서 된장에 찍어 먹었지요." 부광횟집 최청규 대표의 말이다. 그 말을 받아 지인들이 한 마디씩 거든다.

"명지 신포 뱃머리에서 낚시로 전어를 많이 잡았는데, 낚시하다 출출해지모 몸통은 회 뜨고, 회 삐지(썰어) 먹고 난 대가리는 꾸워서 먹었지예." "주변 갈대를 꺾어 불을 피운 뒤 갈대 밑동으로 전어대가리를 꿰어서 꾸워 먹었다 아입니까."

우선 '전어대가리회'를 한 점 집는다. 전어 눈이며, 아가미 부분이 선명하다. 처음 대하는 사람들에게는 호불호가 뚜렷하겠다. 한 점 크게 입에 넣으니 입안 가득 전어회로 웅숭깊다. 도톰한 등살과 함께 꾹꾹 씹으니, 씹을수록 고소한 육즙이 입안에서 흘러넘친다. 전

어뱃살과도 한입 먹는다. 꼬독꼬독 잔뼈가 씹히는 것이 대단하다. 구수함도 끝 갈 데 없고 식감도 유쾌하기 짝이 없다.

일본식 다짐회인 '다다키'를 연상케 하는 '대가리다짐회'도 한 입 떼어 먹어본다. 전어대가리 부분을 살점 다지듯 곱게 다져서 경단처럼 뭉쳤다. 배고팠던 시절 명지에서 자주 먹던 방식으로, 적당한 비린내가 나면서 아작아작한 식감이 특징이다. 마치 마른 멸치를 고추장에 찍어 먹는 맛이 나는데, 초장과 어우러지면서 고소하고 달콤한 맛이 입에서 내내 돈다.

소주 한 잔에 '전어넙데기회'도 한 점 먹는다. 넙데기회는 회 맛을 잘 아는 명지의 전어회꾼들이 씹는 맛과 육즙을 한층 더하기 위해 장만해 먹는 방법이다. 넙데기회를 입에 넣으니 탄실탄실 탄력 있는 육질과 연한 뼈가 절묘하게 혀에 착착 감긴다.

마늘과 땡초를 듬뿍 넣은 콩된장 양념 때문에 온 입 가득 구수한 맛 또한 넘쳐난다. 넙데기회는 한 점만으로도 한입 가득이라 씹는 맛이 일품이다. 씹을 때마다 육즙이 풍부하게 나와, 전어회를 즐기는 사람들에게는 큰 즐거움을 제공한다.

명지전어는 전어젓갈로 담근 묵은지로 쌈을 싸서 먹으면, 참으로 잘 어울리는 맛을 선사한다. 우선 앞접시에 전어젓갈로 담은 묵은지 한 조각을 깔고 전어회 몇 점을 올린다. 그 위에 참기름을 듬뿍 넣은 콩된장 양념을 올리고, 햅쌀로 지은 밥을 조금 떼어 쌈을 싼다. 그리고 볼이 터져라 푸짐하게 한입 가~득 싸 먹는 것이다.

우선 기분 좋게 은은한 묵은지 군둥내가 나고, 그 뒤로 고소한 전어회의 육즙과 햅쌀밥의 담백함이 어우러져 입안을 온통 희롱하면서 새로운 회 맛의 세계를 만들어낸다.

이처럼 '명지식 전어회'는 어떻게 보면 원시적이고 불편한 섭취방법일 수도 있겠지만, 그만큼 자연의 맛을 구현하고 식재료 본연의 맛을 추구하고 있음을 알 수가 있다. 이러한 식재료들이 홍수나 가뭄 등 자연재해 속에서도 꿋꿋하게 살아간 낙동강 사람들의 '삶의 희망'을 다독여준 것이다.

가을바람이 소슬하게 분다. 가을이 깊어갈수록 전어의 맛도 더욱 깊어질 것이다. 가을에는 풍성한 전어회를 맛보며, 낙동강 전어로 삶을 살아온 낙동강 사람들의 먹거리 방식 또한 한번 쯤 곱씹어보는 것도 괜찮겠다.

개맛

깨끗한 물에서만 사는
맛이 좋아 맛조개

"개맛이 나온다고?" "예! 나옵니더. 옛날만큼은 아니지만서도 식구들 먹을 만큼은 잡힙니더." 개맛. 맛조개 종류로 워낙 식감이 부드럽고 맛이 좋아 '맛'이라고 불리는 조개류다.

예전에 낙동강 하구의 모래톱에서 다량 서식했었는데, 요즘은 그 개체가 거의 보기 힘들 만큼 줄었다. 그런 개맛이 잡힌다면서 서낙동강 인근에 사는 지인이 득의양양하게 알려주는 것이다.

"그래? 예전에 낙동강 하구에서 많이 잡히기는 했었는데, 요즘은 보기 힘들던데…." "옛날에사 엄청씨리 잡았지예~ 물이 깨끗했으니까예. 저놈의 하구뚝 막고부터는 조개가 씨가 말랐다 아입니꺼."

맛조개는 죽합과에 딸린 바닷조개다. 대나무처럼 생겨서 '죽합(竹蛤)'이라 한다. 다른 조개에 비해 단백질과 지방이 적어 다이어트에 좋다. 그리고 칼슘과 철분, 아연이 풍부해 원기회복에 유효하고 자양강장에도 작용을 한다.

수심 2m 전후 오염되지 않은 해역의 모래나 개흙에서 서식하는데, 타원형의 구멍을 파고 들어가 산다. 잡는 방법은 맛이 들어가 있는 구멍에 소금을 뿌려 잡거나 철사를 화살 모양으로 만든 도구를 이용하여 구멍 속을 찍어서 잡는다.

개맛은 대나무처럼 가늘면서 긴 원통 모양을 하고 있는데, 조개

맛살과 맛대로 개맛을 잡고 있다.
개맛 한상

외피는 얇아서 잘 부서진다. 입수공과 출수공 두 입을 가지고 있으며, 다른 조개류에 비해 입이 유난히 길다.

개맛의 성체는 10cm 안팎. 3~5월이 가장 맛있는데, 흔히들 '보리 누름철'까지 식용하기 좋다고 한다. 그 이후는 알을 슬기에, 살이 적고 질겨서 맛이 없다. 요즘 워낙 귀해 한 마리 천 원꼴 정도라니 참으로 귀하신 몸이 됐다.

주로 낙동강 모래톱에서 잡히는데, 요즘은 서낙동강 근처 모래톱, 대마등 인근의 사니질 등에서 소량씩 잡힌다. 1980년대 중반까지는 대량으로 서식했다고 하는데, 워낙 성정이 깨끗한 것을 좋아해 요즘은 보기가 쉽지 않게 됐다.

지인의 부인과 개맛잡이에 나선다. "뻘을 자세히 보면 젓가락 굵기만 한 구멍이 두 개 보이는데 이게 개맛 구멍입니더. 여개에 맛대를 푹 찔러 넣어가꼬 맛살을 넣으모 개맛이 있는 게 느끼집니더. 그때 맛살촉으로 찔러 살살 올리모 됩니더."

그리고 보니 개맛 구멍이 두 개다. 하나는 먹이를 먹는 입수공이고 하나는 배출을 하는 출수공이다. 구멍이 작아 자세히 봐야 알 수가 있다.

개맛을 잡는 도구로는 '맛살'과 '맛대'가 있다. 개맛을 잡는 쇠꼬챙이를 맛살, 구멍을 뚫는 막대기를 '맛대'라고 한다. 맛대는 참나무를 깎아서 손잡이를 티(T)자로 만들고, 끝부분은 뾰족하게 만든다. 모두 1m 정도의 길이다.

맛대는 작은 맛구멍을 크게 뚫는데 쓰이고, 맛살은 끝부분을 화살촉처럼 뾰족한 갈고리 모양으로 만들어, 맛구멍에 넣어 개맛을 걸어서 잡는 데 사용된다. 요즘도 명지 새동네 철공소에서 판다고 한다.

낙동강 개맛은 주로 아낙들이 잡는데, 개맛을 잡아 살림에 보태고 자식들 학비에 보탰다고. 하루에 잘 잡으면 양철통 한 양동이씩 잡기도 했단다. 개맛은 주로 수육, 산적, 국, 무침, 찜, 전 등으로 해 먹었는데, 끼니 대용으로 간단하게 만들어 먹기 쉬워 낙동강 사람들에게는 친숙했던 식재료였다.

맛살로 잡으면 맛에 상처가 나 모래가 씹히기도 하는데, 때문에 낙동강 사람들은 삽으로 잡기도 했단다. 50cm 모래 밑에 있는 개맛을 맛있게 먹기 위해 약간의 노동도 감수했던 것이다.

개맛으로 조촐한 술상이 차려졌다. 몇몇 지인들과 가지는 오랜만의 기꺼운 자리다. "아이고~ 참 오랜만에 맛을 맛보네." "맛이라서 맛, 맛있어서 맛, 맛 좋은 맛이 있어서 맛이렷다." 한시에 능한 지인의 '맛'으로 푸는 운율에 좌중이 파안대소한다.

개맛을 가장 맛있게 먹는 방법은 일반적으로 수육과 탕국을 꼽는다. 개맛국은 짠물에 맛을 잘 씻어 보풀보풀한 털을 제거하고 끓는 물에 소금 간을 해 팔팔 끓인 후 땡초를 넣어 먹는다. 국물이 시원하고 깔끔한 것이 특징이다.

"옛날이사 뭐 넣을 게 있었습니꺼? 끓는 물에 소금 넣고 맛 넣고 땡초 쪼금 썰어 넣고 훌훌 들이마셨지예. 우리 아부지는 술 자신 다음 날 꼭 맛국으로 해장하셨다 아입니꺼? 시원하면서도 잡내가 없거든예." 개맛 술상을 준비한 지인의 말이다.

개맛국 한 술 뜬다. 뜨거운 국물이 목으로 짜르르 넘어가니 시원하고 개운하다. “어~허, 시원~하다.” 여기저기 탄성이 터져 오른다. 다른 조갯국에서 나는 특유의 아릿함도 없이 순하다. 탱초의 알싸함 또한 국물의 시원함을 배가시켜준다. 여러 번 떠먹고 나니 속이 환하게 밝아오는 느낌이다.

수육은 끓는 물에 개맛을 살짝 데쳐서 물을 빼고 따뜻할 때 양념장에 푹 찍어 먹으면 된다. “우리 때는 양념장이라고 뭐 있었습니꺼? 고추장이나 회초장에 찍어 먹었지예. 요새사 초간장이나 와사비 간장에 찍어 먹고 하더마는.”

초장에도 찍어 먹고, 초간장에도 찍어 먹고, 고추냉이 간장에도 찍어 먹어본다. 어느 것 하나 저어되는 것이 없다. 그만큼 순하고 여느 것과도 잘 어우러진다는 뜻일 게다. “나는 소금에 콕 찍어 먹어도 좋더만.” 누군가 말한다. 소금에 찍어 먹으니 개운한 것이 이 또한 흡족하다.

술안주로는 개맛찜 또한 근사하다. 개맛과 함께 봄에 나는 주변의 남새들을 손으로 죽죽 찢어 넣고, 밀가루나 전분물을 넣고 걸쭉하게 끓이면 완성. 쫄깃쫄깃한 개맛이 구수하게 씹히고 봄 남새의 향긋한 냄새가 상쾌함을 준다. 술자리에 살랑살랑 봄바람이 불어온다.

개맛산적은 반찬으로 두고두고 먹기에 좋다. 간장에 조청이나 물엿을 넣고 꼬지에 꽂아 약한 불에 졸인다. “꼬치가 없을 때는 나무 젓가락을 칼로 삐지가꼬 꼬치로 사용하기도 했지예.”

한때 낙동강 모래톱에서 심심찮게 잡았던 ‘개맛’ 비록 ‘맛’이 아닌 ‘개맛’이지만 낙동강 사람들에게는 가장 친숙한 이름의 조개였다. 물이 깨끗한 곳에서만 자라는 이 개맛을 다시금 낙동강 하구 전역에서 쉬 볼 수 있는 날을 기다려본다.

갈매기 부리 닮은

주황 속살

갈미조개

꽤 오래전 낙동강지역의 한 모임에 초대받아 갔는데, 소주 됫병들이 몇 병과 함께 한 양동이의 조개를 삶아 안주로 내놓았다. 낙동강에 많이 잡히는 조개라면서 "맛이 달고 부드러워 술안주 외에 여러 음식으로도 다양하게 쓰인다."고 했다.

백합처럼 생긴 노란색의 조개였는데, 복족(조개 혀나 발로 불리는 부분)이 밝은 오렌지색으로 참으로 먹음직스러웠다. 한 입 먹어보니 연하고 부드러우면서도 적당하게 씹히는 육질이 대단했다. 다디단 육즙 또한 입안 가득 풍성하게 흘러넘쳐 깜짝 놀랐다. 조개 자체에서 넘쳐난 뽀얀 육수도 '한 술 두 술' 뜰 때마다 그 시원함이 넓게 펼쳐지는 것이다.

무슨 조개가 이다지도 순하면서도 달고, 진한 감칠맛 속에서 깊은 시원함이 물결을 이루는 것인가? 그러면서도 부드럽고 연한 조갯살 속에 살강살강 속살거리는 식감이 푸들푸들 살아 있는 것인가? 참으로 훌륭한 식재료라 생각하며 그 조개의 정체를 물으니, 낙동강 하구에 서식하는 '갈미조개'라 했다.

'갈미조개'는 낙동강 하구 다대포와 명지 앞바다, 가덕도 인근에 서식하는 조개로, 주로 물이 깨끗하고 물살 좋은 모래톱지역을 선호한다. 복족이 갈매기 부리를 닮았다고 '갈미조개'라 불린다.

원래 학명은 '개량조개'로 전국 해안의 모래밭이나 개펄에 분포하며, 산란을 앞둔 1~3월이 제철이다. 단백질과 비타민을 풍부하게 함유하고 있어 맛 또한 이 시기가 절정이다. 낙동강 하구, 포항 등 동해 연안의 것이 품질이 좋으며, 큰 것은 일본으로 수출하기도 한다.

지역에 따라 그 이름을 달리 부르는데, 전북지역에서는 조개껍질이 노란색을 띤다고 '노랑조개', 충청지역에는 누런 밀과 색이 닮아 '밀조개', 경북 포항에서는 낙동강 하구 명지에서 나는 조개라 하여 '명지조개', 강원도 해안지역에는 '명주조개', 부산의 낙동강 하구지역에서는 '갈미조개' 등으로 불리고 있다.

그 외에도 조개껍질이 노란색 바탕에 얼기설기한 삼베무늬가 있어 '삼베백합', 일제강점에서 해방되던 해, 조개 생산이 많아져 기근을 면했다고 '해방조개'라 불리고, 일본에서는 잡힌 후에도 늘 입을 벌리고 혀를 빼물고 있다고 바카가이(ばかがい, 바보조개)라 부르기도 한다. 쫀득하게 씹히는 맑은 단맛 때문에 일본 서민초밥의 재료로도 인기가 높다.

낙동강의 갈미조개는 갈미조개잡이용 그물인 형망으로 채취를 한다. 주로 명지 앞바다 백합등 인근에서 잡는데, 닻을 내린 후 바닷속에 2개의 형망을 내리고 수심 5m 바닥을 100여 미터 정도 긁어 끌어올리는 방식으로 잡는다.

낙동강 사람들은 배를 타고 이 갈미조개를 어릴 때부터 잡으러 다녔다. 끼니를 위해서는 가족 누구나 한 사람 이상의 밥벌이는 해야 했던 것. 낙동강에서 조개를 잡는 김천열 씨 "갈미조개는 아부지 때부터 캤다."며 "낙동강 하구에 지천으로 있던 조갠데 참 맛있었다."고 회상한다. "하이고~ 그래도 어릴 때는 이 갈미가 엉성시리 싫었심니더."

갈미조개는 주로 겨울에 채취하기에, 칼날처럼 살을 에는 찬바람 속에서 작업을 해야 했다. 어린 몸으로는 참으로 힘들고 벅찬 노역이었을 것. 뿐만 아니라 지금과 달리 조개의 다양한 조리법이 미비했기에, 조개의 속살을 일일이 까 햇볕에 말린 후 이를 팔아야 했단다.

"쪼매난 손으로 조개를 까고 있을라면 갯물에 담근 손도 시럽고, 손가락이 부르터서 고생 많이 했지예. 그래도 말린 갈미조개를 심심풀이로 입에 넣고 오물거리면, 단물이 흥건하니 흘러나와 참 맛있었다 아입니꺼."

갈미조개는 뭐니 뭐니 해도 '회'로 먹는 것이 '맛의 갑(甲)'이다. 워낙 깨끗한 곳에서 서식하는 조개라 중금속 위험도 없을뿐더러, 특유의 아릿한 조개독도 없기 때문이다. 때문에 낙동강 뱃사람들은 갈미조개를 잡으면 날것으로 즐겼다. 오래도록 씹으면 담백한 조갯살에서 단맛이 예사롭지 않게 배어 나와, 사람 마음을 흔쾌하게 한다.

그 외, 낙동강에서 맛볼 수 있는 갈미조개음식은 '수육'과 '샤부샤부', '갈삼구이' 등이 있다. '샤부샤부'는 회 다음으로 갈미조개를 제대로 먹는 방법. 다양한 해산물과 채소로 맛을 낸 끓는 육수에 갈미조개를 살살 흔들어 입에 넣으면, 사각거리는 식감이 그야말로 감탄사를 자아낸다.

입을 갓 벌렸을 때 꺼낸 '수육'의 맛도 제대로다. 오동통한 몸통을 통째로 씹으면, 촉촉한 조개 살점에서 진한 육즙이 왈칵 쏟아진다. 살짝 쫄깃한 식감에 풍부한 육즙이 먹는 이의 마음을 풍성하게 한다.

'갈삼구이'는 원래 뱃사람들이 바다에서 돌아와 허기진 몸과 마음을 다스리던 음식으로, 낙동강 지천의 갈미조개와 두툼한 삼겹살을 함께 구워 먹은 데서 그 유래를 찾을 수 있다. 배추나 깻잎에 불판에 함께 익힌 갈미조개, 삼겹살, 콩나물을 함께 얹어 한입 크게 쌈을 싸 먹는데, 조개의 개운함과 고기의 고소함, 콩나물의 아삭거림이 조화를 이뤄 든든한 '보양식'을 즐기는 느낌이다.

건갈미조개는 갈미조개를 까서 말린 것으로, 부드럽게 쫄깃한 식감이 참 좋다. 원래 살이 달면서도 담백하지만, 이를 말리면 진한 감칠맛과 달큰한 맛이 농후해진다. 두고두고 반찬으로 먹거나 입이 심심할 때 간식으로 먹을 수 있다. 낙동강 사람들은 이를 산적으로 만들어 먹고 된장국, 미역국 등에 넣어 끓여 먹기도 한다.

재첩이 지천으로 잡혀 대한민국 재첩의 원산지이자, 백합조개가 대량 서식해 '백합등'이란 모래톱까지 있었던 천혜의 자연보고, 낙동강. 하구언이 건설된 이후 재첩과 백합이 거의 사라진 자리를 그나마 갈미조개가 대신 이어가고 있는 요즈음이다. 갈미조개가 낙동강 사람들의 생업을 오롯이 책임지고 있는 실정인 것이다.

그런데 이마저도 강으로 흘러드는 오염원으로 인해 그 생산량이 예전만 같지 못하단다. 최근 들어 갈미조개 생산을 위해 낙동강 하구에 종패를 뿌리고 강으로 흘러드는 오염원을 제거하는 등 민관이 힘을 합쳐 '낙동강갈미조개' 복원에 나서고 있다고 한다. 향후 부산 사람들이 풍성하게 즐길 수 있는 '부산의 향토식재료'로 거듭나기를 기대해본다.

도다리

봄 바다의 전령
원기 돋우는 초봄 별식

예부터 '봄 도다리'는 봄 바다의 전령이라 했다. 겨울에 산란을 하고 봄철에 내만에서 살을 찌우기 때문이다. 때문에 '도다리'는 봄이 오면서 서서히 맛이 든다. 바다의 봄을 제일 먼저 맛있게 알리는 생선이 도다리인 것이다. 꼬들꼬들한 식감에 감칠맛도 좋고 영양소도 풍부해 겨우내 찌뿌드드한 몸을 일깨우는 데 최고의 역할을 한다.

부산은 낙동강 하구와 진해만 일대에서 '봄 도다리'를 어획하는데, 이때쯤이면 많은 어선들이 통발이나 자망(물속에 그물을 수직으로 길게 쳐 놓고 물고기를 잡는 그물)으로 도다리를 잡는다. 일부 낚시꾼들도 진해만 일대 배낚시로 회를 뜰 만큼씩 쉬 잡아 올리기도 한다.

강서구 사람들은 '깻잎도다리회'를 봄의 최고 일미로 즐겨 먹는다. 작은 깻잎 정도의 크기에 속살이 향기로워 '깻잎도다리'라고 하는데, 뼈째 썰어서 먹으면 오돌오돌, 꼬독꼬독 다양한 식감을 맛볼 수 있다. 뼈와 살이 적당히 부드럽고 고소하면서도 씹는 맛이 일품이어서, 이 도다리뼈회를 먹기 위해 봄을 하염없이 기다리는 꾼들이 있을 정도이다.

도다리는 가자미과의 물고기이다. 몸길이는 30cm 정도이고 체형은 마름모꼴이다. 두 눈은 몸의 오른쪽으로 튀어나왔으며, 주둥이는 짧고 작다. 흔히들 '좌광우도'의 구별법에 의해 생선을 마주 보고 왼쪽에 눈이 몰려 있는 것은 광어(넙치), 오른쪽에 눈이 몰려 있는 것을 도다리라 구분한다. 때문에 가자미과의 많은 생선들을 도다리로 인식하고 있는데, 도다리는 가자미과 생선의 한 종류이다.

양식이 힘들어 '강도다리' 이외에는 대부분 자연산이다. 성질이 까다롭고 성장이 더디기 때문이다. 그렇기에 육질이 쫄깃쫄깃하고 씹는 식감이 월등하다. 또한 단백질을 다량 함유하고 있는 생선이면서도 뼈째 먹으면 그 고소함이 남달라 많은 사람들의 사랑을 받는 어종이기도 하다.

원래 도다리의 제철은 봄이 농염해지는 시기인 오뉴월부터이다. 그런데 왜 사람들은 이른 봄에 도다리를 찾게 된 것일까? 채 오지 않은 봄을 도다리에게서 구하고자 하는 호사가들의 유유자적도 있었겠지만, 쑥 향 은은한 '도다리쑥국'이 봄철을 대표하는 계절 요리로 각광을 받으면서부터이다.

쑥은 겨울 땅속을 제일 먼저 뚫고 나와 온 들판에 봄을 알리는 푸새이다. 봄나물은 겨우내 움츠렸던 인체에 원기를 북돋워주고 나른한 몸을 기분 좋게 긴장시켜준다. 때문에 도다리쑥국은 '바다의 봄'과 '육지의 봄'이 서로 잘 어우러지는 봄철 영양식이다.

거제, 통영지역의 향토음식인 도다리쑥국은 일반 여염집에서 들판에 지천인 쑥과 봄부터 잡히기 시작하는 도다리로 국을 끓여 먹었던 것이 그 시작이다. 이 도다리쑥국이 부산의 봄철음식으로 널리 자리 잡으면서, 초봄에 잠시 나는 쑥을 중심으로 '초봄의 음식'으로 굳어진 것이다.

그러다 보니 주로 4~6월에 어획되는 도다리보다 이맘때 다량 어획되는 '문치가자미'가 도다리쑥국의 재료인 도다리를 대신하고 있다. 문치가자미는 도다리보다 체형이 길어 둘을 놓고 보면 구분이 확연해진다. '가자미식해'의 재료로도 널리 이용되는 어종이다.

여하튼 봄에 갓 나온 봄나물과 잘 어울리는 도다리는 초봄의 대표 식재료로 크게 손색이 없는 어종이다. 도다리쑥국도 그러하지만, 도다리회도 취나물이나 동초 등에 콩된장을 얹고 한 쌈 크게 싸서 먹으면 최고의 봄맛을 맞이해준다. 입안에서 봄 바다가 넘실거리고, 봄바람이 살랑대는 것이다.

필자도 봄이 오면 '도다리뼈회'를 향긋한 향이 일품인 취나물에 쌈 싸 먹는 것을 즐긴다. '도다리뼈회취나물쌈' 한입 크게 먹으면, 겨우내 소진됐던 기력을 회복하고 생동하는 봄을 만끽하게 되는 것이다.

'도다리뼈회'가 나온다. 머리와 내장만 제거하고, 껍질과 뼈를 통째 얇게 썰었다. 껍질째 썰어 씹힘성을 더욱 좋게 하고, 뼈와 함께 먹음으로써 구수한 맛을 즐길 수 있게 했다. 얼마간 숙성시키면 살이 더욱 꼬들꼬들해지고 감칠맛이 풍부해진다.

콩된장에 참기름 몇 방울 떨어뜨리고, 햇마늘과 땡초 다진 것을 함께 섞는다. 구수한 냄새가 침샘을 자극한다. 도다리뼈회 몇 점을 콩된장에 '푹~' 찍어 입에 넣는다. 살은 탄성 있게 씹히고, 껍질은 쫄깃쫄깃, 뼈는 뽀독뽀독 씹힌다. 육질이 촉촉해서 씹으면 씹을수록 육즙이 풍부하게 흘러나와 점점 더 고소해지는 것이 일품이다.

소주 한 잔에 '도다리회'를 취나물에 싸서 먹는다. 취나물은 쑥과 함께 제일 먼저 봄을 알리는 남새 중에 하나. 향이 진하면서도 쓴맛과 고소한 맛, 살짝 매운 맛까지 가지고 있어 봄나물로 귀하게 쓰이고 있다. 푸들푸들한 취나물과 함께 도다리가 입안에서 퍼드덕거린

도다리뼈회
도다리 쑥국, 도다리뼈회 취나물쌈

다. 쌉쌀한 맛과 함께 향긋하게 퍼져나는 봄나물 냄새가 참으로 기껍다.

3년 묵은 '묵은지'에 회 한 점 싸서 입에 넣어본다. 묵은지의 군내와 콩된장의 구수한 맛이 서로 어우러진다. 탄력 있는 도다리의 육질과 연한 뼈가 절묘하게 혀에 착착 감긴다. 뒤이어 마늘의 향긋함과 땡초의 맵싸함이 뒤끝을 마무리한다.

'도다리쑥국'이 나온다. 국물 한 술 떠먹어본다. 담박하면서도 시원하다. 지방이 적은 생선이라 잡내 하나 없이 깔끔하다. 다시 국물을 떠먹어본다. '짜르르~' 뜨거운 국물이 온몸을 확~ 데우며 목을 타고 넘어간다.

속이 한꺼번에 풀릴 만큼 시원한 국물 맛과 향기로운 쑥 향이 너무나 잘 어울리는 생선국이다. 거푸 국물을 떠먹으니 생선국의 깊은 맛과 쑥의 싱그러움이 떠먹을수록 끝없이 우러난다. 급기야 몇 순갈 만에 속이 다 환하다.

도다리 하얀 속살도 한 점 집어 먹는다. 속살이 부드러우면서도 진한 맛을 낸다. 구수하게 씹히는 식감이 가히 일품이다. 쑥과 함께 먹으니 밥상이 온통 싱그러운 바닷바람으로 살랑댄다. 도다리쑥국 하나로 식사 내내, 쑥내음이 가득하다.

도다리는 봄을 기다리는 맛이다. 아직 채 익지 않았지만 봄의 풍성함을 기다리는 사람들에게, 봄이 오는 소식과 따뜻한 봄날의 맛을 떠올리게 하는 봄 도다리. 회 한 점과 소주 한 잔에 사람 마음이 다 넉넉해지는 봄밤의 저녁, 그윽하고 여유로운 봄이 뚜벅뚜벅 우리에게로 걸어오고 있다.

큰구슬우렁이

한때 국민 술안주로 불리며 큰 인기를 끌었던 음식 중에 '골뱅이무침'이 있다. 서울 충무로, 을지로에는 골뱅이무침집들이 집단화되어 있고, 요즘도 여전히 서민들의 입맛을 돋워주는 술안주 중 하나로 사랑받고 있다.

골뱅이에 명태채나 쥐포채를 섞고 알싸한 파채를 수북하게 올려 새콤달콤하게 무쳐낸 골뱅이무침은, 동대문 야채곱창볶음과 더불어 필자의 서울생활 시절에 큰 위안거리가 되어준 음식이다.

그런데 시중의 골뱅이무침용 골뱅이를 살펴보면 이상한 점을 발견할 수가 있다. 골뱅이무침의 주인공인 골뱅이가 지역마다 서로 다르다는 점이다. 크게 분류해보면 동해안골뱅이와 서해안골뱅이로 나뉜다.

동해안골뱅이는 몸체가 길쭉한 '물레고둥'을 일컫는다. 일명 '백고둥'이라 불리는데 살이 연하고 부드러우며 맛이 좋아 비싼 값에 거래되는 종이다. 서해안골뱅이는 몸체가 동글동글한 '큰구슬우렁이'를 말하는데, 서해와 남해의 모래밭과 갯벌지대에 널리 분포한다. 식감이 질기고 특유의 아릿한 맛이 있는데 마니아들은 이런 특징을 좋아하기도 한다.

한참을 잊고 지내던 골뱅이와의 추억을 소환한 것은 명지동 동리

어촌계의 한 지인의 제보 때문이다. 말인즉슨 낙동강 하구 앞바다 모래톱 주위로 '갈미조개'와 함께 '큰구슬우렁이'가 채취된다는 이야기이다. 서해안에는 개체수가 많아 특별할 것이 없지만, 부산에서는 널리 취급하지 않는 식재료라 취재차 동리항을 찾았다.

갈미조개의 최대 생산지인 동리어촌계는 요즘 근처 명지국제신도시에 주민이 입주하면서 동리항에 '수산물 직거래장터'를 열었다. 현재 10여 집이 천막을 치고 낙동강 하구 앞바다에서 채취한 수산물을 직접 판매하고 있다.

여러 개의 수조 사이로 갈미조개, 청게, 개불, 피뿔고둥 등과 함께 '큰구슬우렁이'가 눈에 띈다. 패각 속의 발을 치마같이 펼치고 나풀거리는 품이 물속의 나비 같다. 물 밖으로 꺼내보니 머금었던 물을 뱉어내면서 발을 패각 안으로 집어넣는다.

큰구슬우렁이. 흔히 우리가 골뱅이라고 부르는 놈들 중 하나이다. 서해, 남해 갯벌이나 모래밭에 서식하는 고둥으로, 말 그대로 큰 구슬처럼 예쁘게 생겼다. 몸체가 동글동글하면서 연한 황갈색으로 반들반들 윤기가 나, 한때 식용한 후 껍데기를 장식품으로 활용하기도 했다. 지역에 따라 배꼽고둥, 우렁이, 명지고둥 등으로 불린다.

그러나 실상은 '갯벌의 포식자'로, 주변의 조개류를 주요먹이로 하는 육식성 고둥이다. 패각에서 넓게 뻗어 나온 발을 치마처럼 펼쳐 조개를 꼼짝 못하게 감싸고는 치설(齒舌, 고둥류의 이빨)로 단단한 조개껍질에 구멍을 뚫고 그 구멍 사이로 강력한 위산을 넣어 조갯살을 녹여 먹는다. 해변에 밀려온 조개껍질에 조그마한 구멍이 뚫려 있으면 거의가 이놈들 짓이다.

때문에 조개가 많이 서식하는 낙동강 하구지역에도 '큰구슬우렁

큰구슬우렁이수육
물속에서 발을 펼친 큰구슬우렁이, 큰구슬우렁이쌈

이'를 다수 볼 수가 있다. 낙동강 사람들은 이 '큰구슬우렁이'를 발이 하얗다고 '백고동'이라 부른다. "물에서 보면 고동 발이 허옇게 껍데기 밖으로 너펄너펄 나와 있는데, 이거 보고 맹지사람들은 '백고동'이라 안 합니꺼." 수산물 직거래장터 상인의 말이다.

그는 "가덕도와 다대포에 이르는 수역의 수심 3~5m에서 큰구슬우렁이를 잡는데, 주로 갈미조개나 재첩 등과 함께 채취되는 경우가 많다."고 한다. "산란기인 7~8월이 살이 올라 가장 맛있는 시기"라는 말 또한 덧붙인다.

낙동강 사람들은 '큰구슬우렁이'를 주로 수육, 무침, 산적 등으로 먹는데, 식감이 질겨 압력밥솥에 20분 정도 삶아야 그 맛을 제대로 즐길 수가 있다. 삶아서 속살을 빼내 모래를 머금고 있는 내장은 버리고 살만 발라 요리를 하는데, 식감이 탄탄하고 풍미 또한 강해 마니아층을 형성하고 있는 식재료이다.

'큰구슬우렁이'를 조금 구해 근처 지인의 식당에서 조리를 부탁한다. 얼마 지나지 않아 수육과 무침이 상에 오른다. 수육은 압력밥솥에 삶은 큰구슬우렁이의 살을 얇게 저미듯 썰어 장만을 했고, 무침은 갖은 제철 야채에 초고추장을 발갛게 버무려 내놓았다.

우선 수육을 한 점 맛본다. 약간 아릿한 맛이 특색이 있다. 부드러우면서도 약간의 쫄깃함이 재미있다. 묵직한 풍미가 마니아들이 제법 좋아할 맛이다. "맛이 진해서 우리 맹지사람들은 백고동을 아주 좋아합니더. 씹으면 씹을수록 쫀득하고 들큰하이 감칠맛이 돈다 아입미꺼." 지인의 말이다.

잘 버무려서 상에 오른 무침도 깻잎과 땡초, 오이채와 양배추채를 넣고 버무렸는데, 새콤달콤하면서도 매운 땡초가 맵싸하게 씹히는 것이 여름철 별미로 손색이 없겠다. 여름채소의 신선함과 상쾌함, 큰구슬우렁이의 쫄깃함이 어우러져 말 그대로 골뱅이무침과 다르지 않다. 기실 골뱅이무침의 골뱅이 중 하나가 '큰구슬우렁이'이니 틀린 말도 아니다.

"재첩회에 고동수육을 넣어 비비 묵어 보이소. 쫀득쫀득하이 참 별미입미데이." 명지주민 정호원 씨의 말이다. 그의 말대로 명지 특산 재첩회와 큰구슬우렁이 수육을 밥과 함께 슥슥 비빈다. 비비는 동안 향긋한 채소 냄새와 새콤한 초고추장 냄새가 사람 입맛을 자극한다. 입안에서 침이 꼴깍꼴깍 절로 넘어가는 것이다.

오지게 한 입 떠먹는다. 알알이 씹히는 재첩회와 함께 큰구슬우렁이 수육이 쫄깃쫄깃 쫀득쫀득 입안에서 요동을 친다. 재첩의 자잘한 식감에 큰구슬우렁이의 큰 획을 긋듯 씹히는 식감이 더해져 입안이 풍성해진다. 낙동강의 명물인 재첩과 큰구슬우렁이가 서로 화음을 주고받으며 낙동강의 강바람처럼 시원하게 다가온다.

우리 부산 바다에서 다량 채취되면서도, 부산의 주요 식재료에서는 빠져 있는 큰구슬우렁이. 히스턴이라는 점액질에 포함된 콘드로이틴 성분이, 피부노화를 예방하고 정력강화에도 탁월한 효과가 있단다. 더운 여름 입맛 살려주는 큰구슬우렁이 한 접시, 건강 또한 살필 수 있는 부산의 귀중한 식재료이다.

구포국수

혀에 착착 감기는

짭조름한 면발

현대사회를 살면서 요즘처럼 간단하면서도 가볍게 한 끼 해결할 수 있는 시절이 또 있었을까? 밥과 면, 국과 반찬…, 한식부터 양식에 이르기까지 다양한 형태의 음식들이 즉석식품으로 출시되어, 3분이면 근사한 정찬을 차릴 수 있는 시대가 온 것이다.

요즘 가장 인기를 끌고 있는 즉석면 종류도 각양각색, 다종다양하다. 라면에서부터 국수, 냉면, 짜장면, 칼국수, 그리고 다양한 파스타까지. 출출할 때 물만 부으면 바로 먹을 수 있는 것이 요즘 세태이다.

인스턴트식품은 아니지만 새참으로 그저 그만인 국수 또한 면만 삶으면 간단하게 먹을 수 있어 여름철 인기메뉴 중 하나다. 냉장고에 남아도는 국물 종류나 소스만 있으면 무한변신의 다양한 국수를 만들어 먹을 수 있는 가성비 높은 음식이기도 하다.

구포국수, 김치냉국수

국수 말리는 전경

원래 국수는 돌잔치나 혼인, 회갑 등 특별한 날에나 먹던 귀한 음식이었다. 국수의 긴 면발이 무병장수를 기원하는 뜻이 담겨 있기에 그렇다.

반가에서조차도 귀한 손님이 내방했을 때 대접하던 음식 중 하나였다. 국수재료인 밀가루가 고려시대까지 중국에서 수입할 정도로 희소성 높은 곡물이기도 했고, 조리공정 또한 손이 많이 가고 복잡하였기에 그렇다.

밀가루를 빻아 체에 몇 차례 거르고, 이 가루를 반죽하여 국수틀에다 넣고, 장정 몇 명이 달라붙어 온몸으로 국수틀을 눌러 면을 뽑고…. 게다가 각종 육수를 내야 하고, 갖은 고명 하나하나 장만해야 하니, 여간 고되고 신경이 쓰이는 음식이 아닌 것이다. 때문에 국수는 '정성으로 먹는 음식'이라 했다.

그런 국수가 식탁에 자주 올라오게 된 것은 한국전쟁 당시 외국

원조 구호물자와 함께 대량의 밀가루가 반입되면서부터다. 국수와 칼국수, 수제비 등 밀가루로 만든 음식이 이 시기에 서민음식으로 널리 보급된다. 모든 것이 부족했던 시절, 밀가루로 만든 국수는 전쟁 와중에 싸고 배불리 먹을 수 있었던 몇 안 되는 음식이었다.

특히 부산에서는 구포를 비롯하여 서구 아미동, 토성동 일대에 국수공장이 우후죽순 들어서 성업을 이뤘다. 이들은 당시 국수를 자체 생산하기도 했지만 서민들이 배급받은 밀가루로 국수를 뽑아주고 삯을 받는 형식으로 '삯국수'를 제공하여 서민들의 생계를 돕기도 했다. 삯은 돈으로 지불하기도 했지만 일정량의 밀가루로 지급하기도 했다.

지금은 일상음식을 넘어 별식으로 간단하게 먹을 수 있는 음식, 국수. 국수 종류만 해도 입맛 따라 헤아릴 수조차 없을 만큼 다양하다. 시원한 얼음 동동 띄운 동치미국수나 열무국수, 고소한 콩국수와 새콤한 김치말이국수, 새콤달콤한 비빔국수와 회국수도 좋겠다. 차가운 국물만 있으면 시원하게 한 그릇 들이킬 수 있는 음식이 국수인 것이다.

이열치열의 보양국수도 괜찮다. 해물탕에 말아 먹는 해물국수, 생선을 푹 곤 국물에 말아먹는 어탕국수, 돼지사골국물의 돼지국수, 선짓국에 말아먹는 선지국수, 삼계탕의 삼계국수, 복어국의 복국수… 이런 국수 한그릇이면 여름 한 철도 거뜬하게 날 수가 있을 것이다.

이렇게 다양하면서도 맛있게 먹을 수 있는 국수. 그중에서도 부산을 대표하는 국수가 바로 구포국수다. 그 유명세가 어느 정도인지 잉어표, 붕어표, 자라표, 물방울표, 인삼표… 등 브랜드는 다르지만 모두들 상표로 써 붙인 이름들은 '구포국수'이다. 이중 대부분은 구포에서 생산하지도 않는데 상표는 '구포국수'다.

원래 구포는 낙동강 유역의 대표적인 물류 거점지역이었다. 감동진 나루 주변으로 모든 '백화'와 '만물'이 이합되고 집산되던 곳이었다. 그래서 인근 구포지역은 경향 각지에서 몰려든 물자들로 그야말로 파시를 이루곤 했다. 이 물자를 부리던 사람들이 먹던 음식 중 하나가 '구포국수'였다. 힘든 노역 후 푸짐하게 말아 먹던 구포국수는 얼마나 맛있고 기꺼운 음식이었을까?

또한 구포국수는 한국전쟁 시절 피난민들이 싸고 맛이 좋아 즐겨 먹었는데, 이들이 구포국수의 맛을 입소문으로 퍼뜨린 것이 전국적으로도 유명해졌다. 그 당시 구포국수는 짭조름한 해풍과 긴 일조량, 그리고 부드러운 낙동강 바람으로 말리기에 면발이 쫄깃하면서도 짭짤해 국수 중 단연 일품이었다.

때문에 한때 구포시장 일대는 골목마다 국수를 뽑아 널어 말리는 풍경으로 장관을 이루었다. 1960~1970년대에는 구포지역에 20여 곳의 구포국수 공장이 한 집 건너 한 집이 있을 정도로 밀집해 있었다고 한다. 쫄깃하게 씹히는 맛과 혀에 착착 감기는 부드러운 면발이 여타 국수와 비교가 안 될 정도였다. 때문에 국수장수들도 구포국수에 대한 긍지가 대단했었다.

그러나 이제 수요가 급속히 줄어들고, '구포국수'의 상표분쟁 등으로 현재는 모두 폐업을 하거나 인근 도시로 떠났다. 구포에서 구포국수를 뽑는 곳은 이제 단 한 군데밖에 남지 않았다. '구포연합식품'의 인삼표 구포국수가 그것으로, 아버지 뒤를 이어 3대째 국수를 만들고 있는 곽조길 씨가 대표로 있다.

이에 구포국수 관련 제조사와 조리판매 업체들이 '부산구포국수 영농조합법인'을 설립하고 구포국수의 지리적 표시 단체표장 등록을 마쳤다. 구포국수 고유의 제면 및 삶는 방법, 육수 뽑는 법 등과 조리법의 지역성, 역사성을 계승, 보존할 수 있게 된 것이다. 때문에 이제는 구포국수 본연의 쫄깃하고 짭조름한 맛을 제대로 살려내는 구포지역 제면 및 조리업체만 구포국수 브랜드를 사용할 수 있다.

이처럼 수많은 사연과 시련을 거쳐 오늘에 이른 구포국수는 '한국현대사의 산증인'으로 한때 낙동강 젖줄처럼 수많은 사람들을 거둬 먹였던 음식이었다. 따뜻한 마음과 착한 손으로 빚어내고, 가족의 무병장수를 기원하며, 허기지고 곯은 배를 채워주었던 심성 깊은 먹거리가 바로 '구포국수'였던 것이다.

입맛 없고 마땅하게 먹을거리가 없을 때, 손쉽게 한 그릇 뚝딱할 수 있는 음식, 구포국수. 시원한 국수 한 그릇으로 입맛을 되돌려보는 것도 좋겠다.

가을 한 철 어획하는

낙동강 대형 게

청게

이빨을 갈듯 빠득빠득거리는 것이 쉽게 분이 안 풀린 늑대 같다. 가까이 다가가니 큰 집게발을 딱딱딱 부딪히며 위협을 가한다. 양 집게발을 치켜세우고 전투태세를 취하는 품이 영락없이 잘 단련된 검투사같다.

그도 그럴 것이 거무튀튀한 갑옷 모양의 껍데기에 유난히 크고 잘 벼린 집게발, 몸 전체에 펴져 있는 날카로운 톱니 같은 돌기 등 제대로 무장한 모습이, 상대를 위협하고도 남음이 있다. 낙동강 하구 연안에만 일부 서식하는 '청게'를 이르는 말이다.

낙동강 청게

가을의 진객 청게. 낙동강 하구 기수지역, 갈대밭이나 갯벌에 서식하는 대형 게로, 몸 색깔이 푸르스름하다 해서 '청게'로 부른다. 낙동강 유역 사람들은 누런 뻘물과 진흙 속에 산다고 '똥게', 혹은 '똥끼'라고들 부른다.

"주로 뻘에서 사는데, 가덕도 굴 양식하는 데도 마이 삽니더. 굴 껍데기를 덮어쓰고 숨어 있기도 합니더. 누런 뻘물이 똥물 같다 아입니꺼? 그런 데서 산다꼬 '똥끼'라 안 합니꺼." 녹산 성산항 어부의 말이다.

학명은 '톱날꽃게'. 말 그대로 등딱지 주변부가 날카로운 톱날같이 생겼고, 집게발이 유독 크고 억세어서 한번 물면 손가락도 절단할 정도로 공격적인 놈이다. 가을철 9~10월 한 달 정도 낙동강 하구 연안으로 산란을 위해 올라오기에 그 몸값이 만만치 않은 고급 어종이기도 하다. 민물과 바닷물이 만나는 기수지역의 수심 10m 전후에 주로 서식을 한다.

낙동강 하구 하단, 명지, 녹산, 가덕도 등지에서 주로 어획하는데, 연안에 그물을 쳐놓았다가 다음 날 건어내면 살이 통통하게 오른 가을 청게를 잡을 수가 있다. 큰놈은 체장 20~30cm, 무게 1kg 정도로, 꽃게보다 두 배 이상 크다.

등딱지는 일반 대게와 견줄 정도이다. 때문에 국내에서는 대형종 게로 분류된다. 집게발이 유난히 커 어른 주먹만 한데, 한 마리 쪄놓으면 먹을 게 많아 흔쾌하기조차 하다. 낙동강 사람들은 "똥끼의 커다란 집게발 하나만 가지고도 소주 한 병은 거뜬히 비울 수 있다."고 말할 정도로 살이 많고 풍성하다.

외국에서는 '머드크랩'이라고 부르는데, 바로 이 낙동강 청게와

족보를 같이하는 종류다. 이름만 들어도 갯벌에 서식한다는 것 쉬 알 수가 있겠다. 특히 싱가포르에서는 해산물요리 중에 대표 음식이자, 세계적으로 널리 알려진 명품 요리로 인정받고 있는 '칠리크랩'의 식재료이기도 하다.

대게나 꽃게처럼 첫맛이 아주 달거나 고소하지는 않다. 담박하지만 은은하고, 육질이 단단하면서도 식감이 좋아 씹을수록 깊고 진한 풍미를 자아내는 고급어족이다. 점잖은 표현으로 맛이 그윽하다고 표현할 수 있겠다.

해서 식도락가들 사이에는 가을철 별미로 널리 알려져 있다. 소비자가격은 1kg에 4~5만 원 정도의 고가 어종으로, "청게 먹기 위해 1년 기다린다."는 말이 있을 정도로 두터운 마니아층을 형성하고 있다.

집게발의 힘도 여간 센 것이 아니어서 집게에 집히면 무엇이든 두 동강을 낼 정도로 강력한 힘을 가지고 있기도 하다. 녹산 어부들은 "사람 손가락도 잘릴 정도"라며 "성질이 더러버가꼬, 뻘에 다니다가 똥끼한테 물리면 발가락도 짤린다."고 말한다.

성이 나 집게발을 쳐들고 있는 놈에게 페트병을 쥐어줬더니 어렵지 않게 구멍을 낸다. 그러하기에 청게를 잡은 후에는 반드시 그물망에 보관하거나 대야에 넣고 그물을 씌워야 한단다. 그러지 않으면 순식간에 달아날 정도로 민첩하고 힘이 좋아서이다.

청게는 통째로 쪄낸 '청게찜'과 구수한 맛을 배가시키는 '청게된장국'으로 주로 먹는데, 게살이 짜거나 달지 않고 삼삼해서 여간 먹어도 질리지가 않는다. 또한 육질의 밀도가 높고 탄탄하여 식감도 좋다.

그러면서도 본연의 풍미는 깊고 진해서 게 향의 여운이 오래도록 남는다. 말인즉슨 첫맛이 가볍지 않으면서도 먹을수록 그 풍미가 넉넉하고 풍부한, 꽤나 격조 있는 맛이라 할 수 있겠다.

집게발 등은 단단해서 딱딱한 도구로 깨트려서 먹는데 워낙 속살이 오지고 든든해 기꺼울 정도다. 집게발 살을 발라 한입 가득 입에 넣으면 먹는 사람 마음조차 풍년을 맞은 농부 같다.

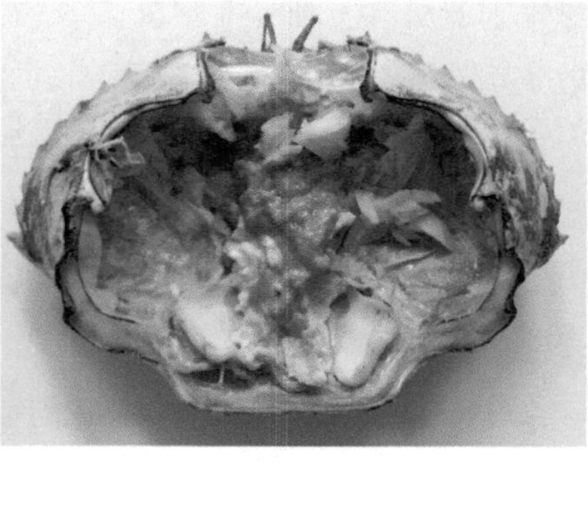

때문에 사람 손이 많이 가는 음식인데도 발겨 먹는 재미가 쏠쏠하다. 내장 또한 별미라 살보다 내장을 먼저 먹을 정도인데, 등딱지 안의 막은 더욱 식감이 쫀득하고 고소해 별미 중에 별미로 꼽힌다.

청게된장국은 토속된장을 풀고 마늘, 양파 넣고 한소끔 끓을 때쯤 파와 땡초 하나 썰어 넣고 먹으면, 속이 시원하면서도 환하게 풀리면서 해장이 될 정도로 그 맛의 너비가 광대하다. 들큰하고 진한 청게육수가 된장국의 깊은 맛을 제대로 살려주는 것이다.

부산 낙동강 하구 기수지역에서만 생산되는 청게. 한때 임금에게 진상했다는 말도 있고, 일제강점기 때는 거제도 해역에서 어획했다고 전해지기도 한다. 이 청게를 최근 몇 년 전부터 종묘로 생산, 시험방류하고 있다는 소식이다.

'부산 청게'라는 브랜드로 특허청 상표등록까지 마치고, 부산 대표 수산물 식재료로 키우기 위해 노력하고 있단다. 부산시가 지역 특산품으로 육성하고자 하는 노력이다. 결과야 어떻든 낙동강 인근 어민들의 소득증대나 부산만의 독특한 식재료 개발의 입장에서는 환영할 만한 일인 듯싶다.

하지만 부산시에서 명명한 '부산청게'라는 이름이 연착륙하기 위해서는, 부산만의 다양한 조리법과 요리 개발 등 후속조치가 급선무이다. 싱가포르의 '칠리크랩'처럼 '부산청게'가 부산의 독특한 정서를 내포하면서 부산에서만 먹을 수 있는 식재료로 거듭나기를 기대해본다.

민물생선

낙동강 하구의
담박한 건강식

한때 구포역 인근 낙동강 둑에서는 수많은 강태공들이 낚싯대를 드리우고 세월을 낚곤 했었다. 어쩌다 낚싯대가 크게 휘고 낚시방울이 요란하게 울릴 때면 강태공과 정체 모를 강의 어족이 힘겨운 줄다리기를 시작한다.

릴에 감긴 낚싯줄이 사정없이 풀려나가고, 강태공은 그 낚싯줄을 온몸으로 감아들이느라 진땀깨나 흘리는 것이다. 이러구러 승강이 끝에 땅으로 끌려오는 것은 어른 장딴지만 한 낙동강 잉어. 곁에서 지켜보던 구경꾼들의 탄성이 터져 오르고, 강태공은 득의만면하여 어깨에 힘이 잔뜩 들어가는 것이다. 잉어 한 마리에 온 강변이 재미난 구경거리로 신이 나던 시절이었다.

지인 중에 낙동강 하구에서 장어 통발어업을 하던 이가 있었다. 장어 잡이용 통발을 적게는 수백 미터, 많게는 수 킬로미터까지 연결하여 장어를 잡았다. 그렇게 잡은 장어는 비싼 가격으로 식도락가들이나 일본으로 팔려나갔다. 지인의 수입은 상상을 초월할 정도여서 이십 대 때 국내 생산 승용차 중 최고급 차종을 몰고 다니기도 했다.

집의 어른을 따라 낙동강 수로로 붕어낚시를 다니던 시절이 있었다. 어른이 오래도록 취미 삼아 낚시를 해오신 터라, 돌아올 땐 늘

한 망태기 가득 붕어를 잡아 돌아오곤 했었다. 그렇게 잡힌 월척의 붕어는 집으로 가져와 매운탕이나 조림으로 가족들의 밥상에 오르거나, 곰국처럼 푹 고아 식구들의 보양식으로 제공되기도 했다.

이렇듯 삼십여 년 전만 해도 부산은 낙동강을 비롯한 강과 하천이 건강하게 보존되고 있었고, 주변 저수지와 수로 등에서는 수많은 민물 어종이 다량 서식하고 있었다. 이를 식재료로 한 민물음식 또한 다양하게 존재했었다. 하여 지금도 '붕어찜' 등이 '부산의 향토음식'으로 선정되어 있기도 하다.

특히 낙동강에서는 주낙, 통발, 정치망, 투망 등의 어법으로, 철따라 잉어, 장어, 강준치, 끄리, 웅어, 참게, 꺽지… 등을 풍성하게 어획하던 하상어업이 발달하기도 했었다. 그중 '갈깃대'라고 긴 대나무 앞에 갈퀴처럼 생긴 도구를 달아 뱀장어를 잡는 '가기질 장어 잡이'와 낙동강 하구 갈대밭에서 통발로 잡는 참게 잡이, 투망으로 잡는 잉어 잡이는 꽤 쏠쏠한 벌이가 되기도 했다.

이렇게 잡은 민물생선들은 낙동강변 물금이나 호포, 대동 등지에서 맛있는 요리로 변신하여 시민들의 입맛을 북돋웠다. 싱싱한 회로, 얼큰한 매운탕으로, 짭짤하게 익힌 찜으로…. 특히 장어는 구이로, 잉어는 찜으로, 붕어는 조림으로 탄생해 사람들의 입맛을 사로잡았던 것이다.

부산에는 현재 직접 어획을 하지는 않지만 회동수원지에 접한 '오륜대마을'에서, 민물생선으로 음식을 만들어 파는 식당들이 집단화되어 있다. 일명 '오륜대 민물매운탕 마을'이 그것이다. 주로 메기매운탕, 붕어매운탕 등 민물매운탕을 보글보글 끓여내고, 민물생선회와 민물생선찜도 전문으로 곁들이고 있다.

촌집을 개조한 민물생선음식점들은 어느 곳이나 시골 고향집에 온 것 같은 편안함을 선사한다. 마당도 넓고 주인장들의 마음 씀도 고향이웃 같다. 대다수 집들이 산수 그윽한 오륜대의 풍경을 마주볼 수가 있어 좋다. 수원지의 물결은 무심히 찰랑거리고, 청량한 바람은 세상의 모든 시름을 쓰다듬는다. 양말을 시원하게 벗어젖히니 신선놀음도 부럽지 않다.

메기매운탕을 시킨다. 오래지 않아 큰 뚝배기 냄비에 끓여 내온 메기매운탕이 걸쭉하다. 매운탕 특유의 풍미가 진하게 퍼지며 사람 입맛을 다시게 한다. 방아 향이 알싸하게 코끝을 간질인다. 산초가루를 넉넉하게 넣고 국물 한 술 떠먹어본다. 우선 첫맛은 진하고 걸쭉하니 혀에 감긴다. 그 뒤로 맵싸하고 개운한 뒷맛이 입에서 퍼지는데 가히 일품이다.

중간치 메기를 사용해 살이 부드럽고 담백하다. 하얀 살이 보기에도 먹음직스러워 보인다. 메기살을 한 점 먹어보니 부드러우면서도 담백한 맛이 포실포실하게 전해져 오는데 느낌이 아주 좋다. 국물 속 방아 잎을 씹자 알싸한 향이 난다. 메기의 비린 맛을 없애주고 음식에 빠져들게 하는 특유의 매력이 있다.

곧이어 잉어찜을 시키니 팔뚝만 한 잉어가 통째 고스란하다. 잉어 위에 방아, 콩나물, 미나리, 감자, 무, 팽이버섯 등속을 양념으로 버무려 얹었다. 자작한 국물 한 술 뜬다. 방아향과 잉어 육수가 어울려 진하면서도 향긋하다. 땡초의 맵싸함도 같이 뒤따라 개운하기도 하다. 살점도 먹어본다. 민물고기 특유의 진한 맛의 여운이 감돈다. 잉어가 품고 있는 거센 가시를 발라 먹는 맛도 꽤나 재미지다.

메기매운탕
장어구이, 어탕국수

붕어도 매운탕이나 조림으로 내면 썩 좋은 밥반찬이나 술안주가 된다. 붕어매운탕은 메기매운탕과 달리 민물 특유의 진한 맛이 더 짙다. 짭조름하면서도 고춧가루의 칼칼함이 잘 어울리는 음식이다.

잠시 짬을 내어 요기를 하려면 '어탕국수'도 좋은 음식이다. 강에서 나는 여러 종류의 잡어를 가마솥에 고듯 푹 끓여, 여러 채소와 국수를 넣고 끓이면 영양가 많고 걸쭉한 맛의 어탕국수를 맛볼 수 있다.

이들 민물생선들은 음식으로서도 특별함이 있지만 그 효능도 남다르다. 대부분 저지방, 고단백이라 노약자들의 기력회복과 임산부의 산후조리 등에도 유효한 보양음식으로 오래전부터 사랑받았기도 하다.

한때 구포둑에는 잉어, 낙동강에 인접한 수많은 수로에는 붕어, 또한 강의 어부들이 잡던 뱀장어와 강준치, 끄리 등이 넘쳐났었고, 심심풀이 천렵을 한 뒤 끓여 먹던 미꾸라지추어탕과 민물잡어로 만든 어탕국수, 피래미 튀김 등 추억의 음식들이 넘쳐났었다.

그러나 부산의 산업화 과정을 거치면서 하천은 난개발과 생활오폐수 등으로 몸살을 앓고 있고, 낙동강은 하구언이 들어서면서 하천생태계의 혼란을 가져왔다. 저수지는 대부분 식수원으로 보호함으로써 어로활동이 금지되어, 식재료의 수급에도 차질을 빚고 있다. 이러한 종합적인 상황들이 부산의 민물음식의 보존과 개발에 치명적인 난제가 되고 있는 것이다. 보존과 개발을 위한 다각적이고 종합적인 노력이 필요할 때이다.

다대포 방어

식도락가들에게 겨울철 대표 생선회를 추천하라면 단연코 방어를 첫손에 꼽을 것이다. 겨울이 되면 방어의 배에 기름이 오를 대로 올라 고소하면서도 감칠맛이 뛰어나기 때문이다. 요즘 언론에도 겨울철 대표 생선회로 부각되면서 전국적으로 그 수요가 급격하게 늘었다. 일본에서도 참치와 더불어 가장 선호하는 겨울 횟감 중 하나이기도 하다.

이 방어가 우리나라에서는 제주지역의 특산품으로만 인식이 되고 있는데, 사실 부산의 다대포도 방어 주산지 중의 한 곳이다. 국내에서는 제주 남부 모슬포, 마라도지역과 울산 방어진, 부산의 다대포 등이 겨울 방어 어군을 형성하고 있는 지역으로 꼽힌다.

방어는 농어목 전갱이과에 속하는 등푸른생선이다. 난류를 타고 움직이는 온대성 어류로, 캄차카 반도 해역에서 여름을 보낸 뒤 2~6월 산란을 위해 대만 해역으로 회유한다. 부화 후 4년이면 길이 80cm 이상으로 자란다.

부산에도 다대포지역의 형제섬 인근이 물골이 깊고 조류가 급해 양질의 방어가 어획되는 지역이다. 특히 2월 이후 산란철을 맞아 11~1월 즈음에 다대포 앞바다로 회유를 하는 방어는 최고로 맛이 좋다. 특히 1m급의 '대방어'는 "참치와도 안 바꾼다."는 말이 있을 정도로 그 맛이 뛰어나다.

다대포 방어는 10월부터 어군이 형성되어 2월까지 어획이 되는데, 12월이 어획량도 많고 씨알도 굵은 시기라 맛도 그 꼭짓점을 찍을 때이다. 이즈음 다대포 어시장에 가면 1kg 미만의 새끼 방어부터 4kg이 넘어가는 대방어까지 다양한 방어를 맛볼 수 있는데, 10~15kg의 대물 또한 심심찮게 만날 수도 있다.

다대포 방어는 주로 채낚기 어업으로 어획한다. 소형어선은 원줄에 10여 개의 가짓줄을 달고, 그 끝에 낚싯바늘을 달아 수심 30~50m까지 내린 후 손으로 직접 끌어올린다. 일명 훌치기 외줄낚시이다. 중형 이상의 어선은 배 양쪽에 긴 장대를 설치한 뒤 각각 낚싯줄을 연결하여 양망기로 끌어올려 잡는다.

모든 어종이 그렇듯이 방어도 큰 놈들이 맛이 좋은데, 특히 특유의 깊은 감칠맛과 오돌오돌한 식감이 남다른 '대방어'를 선호한다. 무게에 따라 2kg미만의 방어를 '소방어', 2~4kg은 '중방어', 4kg이상은 '대방어'로 불리며, 가격과 맛 또한 그 크기에 따라 큰 차이를 보인다.

일본에서는 방어를 '출세어'라고 해서 성장 시기에 따라 이름을 달리 부르고 있다. 60cm 미만을 '하마치(ハマチ)', 60cm 이상을 '부리(ぶり)'라 부른다. 그중 가장 맛이 든 대방어를 '오부리(おぶり)'라 부르며 귀히 여긴다.

다대포에서는 이 방어를 생선회와 더불어 구이, 매운탕, 육회, 찜 등 다양한 음식으로 조리해 먹는다. 살이 부드럽고 고소하면서 감칠맛이 돌아 어느 것 한 가지도 빠지지 않는 맛의 구성이다.

다대포 어시장에서 3kg 정도의 중방어를 잡아 인근 초장집에 맡

대방어회
방어조림, 대방어

긴다. 먼저 나온 방어회를 살펴본다. 전체적으로 살이 붉은색으로 선명하면서 지방이 밴 부위는 노란빛을 띤다. 특히 껍질 바로 안쪽 등살은 짙은 팥죽색을 띠는 것이 특징이다. 숙성시킨 선어를 먹는 일본과 달리 활어상태에서 바로 회를 쳐서 먹기에, 붉은 살인데도 탄탄한 식감이 남다르다.

등살 한입 맛본다. 우선 차진 식감이 그럴듯하다. 쫀득쫀득하면서도 오돌오돌하다. 뒤이어 육즙이 입에 돌면서 고소하고 들큰하니 감칠맛이 혀에 착착 감긴다. 뱃살은 육질이 더욱 꼬들꼬들하고 고소한 맛이 더더욱 깊다. 씹으면 씹을수록 그 풍미와 감칠맛이 오래도록 입안에 머문다.

방어의 갈빗살은 방어육회가 되어 상에 올랐다. 가시를 제거한 갈빗살을 결대로 길게 썰어, 마늘, 땡초, 참기름에 버무린 후 통후추를 솔솔 뿌렸다. 한 젓가락 입에 넣으니 고소함이 풍성하게 터져난다. 식감도 입안에서 맴돌 정도로 탄탄하다. 참기름과 후추 향이 코끝으로 기분 좋게 살짝 올라와 이마저도 흔쾌하다.

중방어를 잡았기에 남은 회와 미리 장만해둔 대가리, 뼈 등으로 방어조림과 방어전을 만들어 먹어본다. 생선전은 부산에서도 자주 해 먹는 음식이거니와 조림도 일식문화의 영향으로 인기 있는 메뉴로 정착한 지 오래다.

큼직하게 썬 방어등살회를 달걀옷을 입혀 프라이팬에 노릇하게 지진다. 고명으로 색색의 고추를 올려 느끼한 맛을 잡았다. 따뜻할 때 한 점 맛본다. 참 부드럽다. 그리고 끝 간 데 없이 고소하다. 밥반찬으로나, 술안주로나 어느 것 하나 손색이 없겠다.

방어조림은 손과 정성이 많이 가는 음식이다. 우선 쌀뜨물에 큼직하게 썬 무를 넣고 뭉근하게 삶는다. 방어 대가리는 잔 비늘을 제거한 후 뼈와 함께 프라이팬에 볶으면서 익힌다. 이 둘을 합쳐 조림 간장 육수에 맛이 밸 때까지 조린다.

이렇게 만든 방어조림은 회를 뜨고 남은 부산물로 조리했다고 믿기 힘들 정도로 그 맛이 출중하다. 방어살에 짭조름한 간장육수가 배어 전체적으로 깊고 그윽한 맛을 낸다. 함께 먹는 무 또한 주연급이다. 부드러우면서도 간간함이 어느 음식과도 잘 어울린다. 일본인들에게는 '부리다이콘(ぶり大根)'이라 하여 회와 초밥과 함께 즐겨 먹는 음식이다.

방어는 그 외에도 부위별로 다양한 음식으로 활용되는데 대뱃살은 초밥으로, 선어는 소금에 절였다가 구이로, 대가리 등 부산물은 매운탕이나 맑은 국으로 만들어서 먹는다. 이처럼 방어는 참치와 더불어 버릴 것 하나 없이 모든 부위를 조리하여 먹는 '겨울의 진객'이다.

특히 다대포 방어는 12월쯤이 가장 맛있는 시기라서 여느 지역의 방어와 비교해도 결코 그 맛이 뒤지지 않는다. 뿐만 아니라 인체에 유익한 영양소 또한 풍부해, 겨울철 건강에도 유효하므로 더 반가운 생선이다. 다대포 방어, 우리 부산의 겨울 대표 생선으로 꼽기에 부족하지 않은 생선이다.

꼬시래기

물김에 무쳐 먹고
꼬시래기 살로 쌈 싸 먹고

가을 한 철, 낙동강의 여느 포구는 풍요로움 그 자체이다. 아침저녁으로 찬바람이 불면, 낙동강 앞바다에 전어가 떼를 이루고, 망둑어와 숭어가 펄쩍펄쩍 뛰며, 갈미조개가 살이 올라 맛있어진다. 짙고 깊은 맛을 내는 초벌의 낙동김이 출하될 즈음이라, 김과 함께 싸 먹는 이곳만의 특별한 생선회를 맛볼 수 있는 시기도 이맘때쯤이다.

특히 여름철부터 이즈음에 이르기까지 낙동강 앞바다에는 다량의 꼬시래기가 잡힌다. 온몸에 작은 비늘과 끈적끈적한 점액질로 덮여 있는 바다 생선으로 원래 이름은 '망둑어'. 지역에 따라 망둥어, 문절이, 망동어 등으로 불리기도 한다.

해안 갯벌이 잘 발달한 기수지역에서 서식하는데, 그 종류만도 200여 종이나 된다. 워낙 탐식성이 강한 어종이라 미끼를 넣기만 하면 물고 늘어져, 누구나 쉽게 잡을 수 있는 동네낚시 어종 중의 하나이기도 하다. 부산 지역에 잡히는 망둑어는 그중 '문절망둑'이란 종이다.

이 '문절망둑'을 낙동강권 사람들은 '꼬시래기'라 부른다. 살이 연하고 담백하면서 비리지 않거니와 그 맛 또한 고소하여 그렇게 부르는 것이다. 말마따나 낙동강 꼬시래기를 콩된장 양념에 듬뿍 찍어 먹으면 좋은 식감과 함께 고소한 감칠맛이 제대로 터져 난다.

꼬시래기회
꼬시래기, 꼬시래기김무침회

워낙 다량으로 잡히는 어종이라 낙동강 사람들은 이 꼬시래기로 다양한 음식을 만들어 즐긴다. 여러 방식의 꼬시래기회와 매운탕, 튀김, 무침 등이 그것으로, 무엇으로 요리해 먹든 낙동강의 그 풍성하고 그윽함을 맛볼 수가 있다.

꼬시래기회 또한 다양한 방식으로 장만을 하는데, 그 종류만도 여러 가지가 된다. 그중 낙동강 사람들만 즐겨 먹는 꼬시래기회로는 '꼬시래기쌈회'와 '꼬시래기물김쌈회', '꼬시래기김무침회' 등이 있다.

특히 '꼬시래기쌈회'는 여타 생선회처럼 채소에 회를 얹어 쌈을 싸 먹는 방식이 아니라, 꼬시래기를 통째 포를 떠 넓게 편 후, 그 위에 밥과 양념, 땡초, 마늘 등속을 올려 싸 먹는 음식이다. 말하자면 채소로 쌈을 싸는 것이 아니라, 포 뜬 생선회로 쌈을 싸는 방식인 것이다.

'꼬시래기물김쌈회', '꼬시래기김무침회'는 낙동강권에서만 1년에 딱 한 철, 회를 맛나게 먹는 방법 중 하나다. 낙동김 수확철인 늦가을, 부드러운 초벌 햇김이 나오면 꼬시래기회에 김을 싸 먹거나 무쳐 먹는 것이다.

낙동김을 양식하는 김차고 씨는 "초벌 김은 부드럽고 감칠맛이 좋아 제철 생선회와 곁들여 먹으면 그 맛이 배가가 된다."며 "김이 억세지기 전, 한 달 동안 명지 부근 사람들은 꼬시래기를 김에 싸 먹거나 초장에 무쳐서 먹는다."고 전한다.

'꼬시래기물김쌈회'는 물기를 짜낸 물김을 손바닥에 펼쳐 올리고, 그 위에 망둥어회와 땡초, 마늘을 얹고, 참기름 듬뿍 넣은 콩된장에, 햅쌀로 지은 밥을 조금 떼어, 볼이 터져라 한입 가득 싸 먹는 방법이다.

'꼬시래기김무침회'는 큰 양재기에 꼬시래기회와 물김을 넉넉하게 넣고, 무채, 땡초, 마늘 등과 함께 초고추장에 쓱쓱 버무리고, 그 위에 깨를 솔솔 뿌려 먹는 회이다. 물김의 진한 감칠맛이 담백한 꼬시래기회와 어우러지면서 새콤 · 달콤 · 고소함이 입안에서 오래도록 머무르는 것이 특징이다.

뱃사람 김천열 씨가 금방 잡아 온 꼬시래기로 다양한 회를 장만한다. "어릴 때 학교 갔다오먼 이 꼬시래기를 노다지 잡으러 안 다녔십니꺼. 대나무 꺾어서 물개미(붉은 갯지렁이) 끼워가 잡아 오먼, 정자에 계시던 어르신들이 이걸로 회 썰어서 막걸리 안주 하시곤 했지예." "방파제에서 꼬시래기를 나무젓가락에 꿰어 모닥불에 구워먹고, 어머니에게 쌀 한 줌 얻어다 통조림 깡통에 꼰밥(고두밥) 해서 먹기도 하곤 했습니다."

우선 '꼬시래기'를 양파 망태기에 넣고 빨래하듯 조물조물 문질러준다. "너무 쎄게 빠락빠락 문때먼 꼬시래시 살이 물러지가 안 됩니더. 살살 문때야 비늘만 빳끼집니더." 꼬시래기는 잔 비늘과 점액질이 많아 칼보다 망을 이용하면 비늘과 끈적끈적한 점액질까지 깨끗하게 제거가 된다.

비늘을 벗긴 꼬시래기는 지느러미를 제거 후 등 쪽으로 몸을 가른 후, 두툼한 살을 칼로 두어 번 발라 손바닥 크기가 되도록 장만한다. 때문에 '꼬시래쌈회'는 큰놈으로 장만을 해야 한다. "꼬시래기는 큼지막한 놈으로 싸 무우야 '명지 꼬시래기쌈 함 싸 묵다' 할 수 있지예." 천열 씨 말이다.

원래 '꼬시래쌈회'는 뱃사람들이 뱃일 하다가 시장할 때, 배에서

밥 대신 먹던 끼니 대용식이었다. 바다에서 일을 하다 보면 제대로 된 식사를 할 수 없기에 지천인 꼬시래기를 넓게 포를 떠 쌈으로 싸 먹은 것이다.

워낙 손이 많이 가는 장만법이기에 횟집에서는 잘 볼 수가 없다. 장만하는 것을 보고 있자니 여간 정성이 들어가는 것이 아니다. "꼬시래기쌈 함 무울라면 줄 서서 먹어야 됩니더. 원캉 손이 마이 가고 시간이 마이 걸리서 안 그런교." 정동일씨가 말을 받는다.

꼬시래기회도 써는 방법이 다른 곳과 다르다. 머리에서 꼬리까지 길이로 회를 써는 것이 명지식 회 뜨는 방법. 길이로 썰면 머리에서부터 꼬리까지의 맛과 식감을 제대로 느낄 수 있기 때문이다.

장만한 꼬시래시는 물에 씻지 않고 수건에 깨끗하게 정리하여 먹기 좋게 접시에 담는다. 생선회는 물에 씻지 않아야 살이 짭조름하면서도 맛도 질다. "꼬시래기 살을 물에 씻으뿌면 육즙이 빠져나가 꼬신 맛이 덜해서 몬씁니더. 살도 푸석푸석해지고예."

기다리던 꼬시래기쌈회를 한입 싸 먹는다. 장만한 꼬시래기 살을 손바닥에 넓게 펴고, 밥 한 젓가락 올린 후, 그 위에 콩된장과 마늘, 땡초, 마늘 등속을 올려 한 쌈 가득 입에 넣는다. 입안이 꽉 차는 웅숭함이 대단하다.

'꼬시래기양파쌈'도 맛본다. 꼬시래기쌈회를 양파에 올려 싸 먹는 방식이다. 한 번 싸면 한입 가득이라 볼이 미어지게 먹어야 한다. 들큰하고 맵쌀하고 고소하고 짭짤하다. 탱글탱글한 회의 식감에 양파의 아삭함, 짙은 육즙에 뽀드득거리는 뼈의 씹힘까지 먹는 재미가 절로 난다. 입안 가득 차는 충만감이 그렇게 흔쾌하고 기꺼울 수가 없는 것이다.

초벌 물김과 함께 먹는 꼬시래기회도 그 풍미가 장난이 아니다. 입안 이곳저곳에서 신선한 바다 물결이 일렁이고 해감내가 코끝을 내내 감돈다. 짙은 낙동김의 감칠맛이 꼬시래기회 환상적인 조합을 이루며 입을 즐겁게 하는 것이다.

아~! 이 풍성함~! 여러 방식의 꼬시래기회를 먹고 있노라니, 회 한 번 제대로 먹은 기분이다. 큰놈 서너 마리 싸 먹으니 배가 불뚝 일어선다. 뱃사람들이 이 꼬시래기로 끼니를 때운 이유를 충분히 이해할 것 같다.

부산음식이지만 부산에서조차 잘 먹지 못하는, 독특하고 색다른 '생선회 먹거리'인 꼬시래기쌈회. 낙동강권 방식의 생선회 장만법으로, 우리 부산의 토속적인 생선회 문화를 엿볼 수 있는 귀중한 조리법이다.

대구

생선계의 갑(甲)

시원한 국물이 일품

예부터 고급어종으로 귀하게 대접받던 대구는, 한때 최고의 몸값을 받는 생선으로 널리 알려져 왔다. 30여 년 전 금액으로 큰놈 한 마리에 20~30만 원을 호가했었고, 잘 끓인 대구탕 한 그릇에 1만 원을 훌쩍 뛰어넘던 '갑(甲)의 생선'이었다.

특히 바람 차고 몸이 으슬으슬 추운 겨울, 뜨끈한 대구탕 한 그릇이면 세상 음식 하나 안 부러웠던 시절이기도 했다. 집안 어른의 전날 과음에도 '대구탕'처럼 시원하게 주독을 잘 풀어주는 해장국이 따로 비견될 수 없을 정도로 타의 추종을 불허했다.

대구. 입이 크다 해서 '대구(大口)' 또는 '대구어(大口漁), 대두어(大頭魚)'라 불리는 생선. 주로 우리나라 동해와 북태평양 오호츠크 해등지에 분포하며, 수심 45~450m 되는 깊은 바다에 무리 지어 산다. 최대 1m까지 자라며 수명은 10년 이상으로 알려져 있는 대표적인 겨울 생선이다. 한자어로 '대구 설(鱈)'자는 '고기 어(魚)'변에 '눈 설(雪)'자가 조합된 것으로, 눈 오는 겨울철이 대구의 제철이자 가장 맛있는 시기라는 것을 미루어 짐작할 수가 있다.

대구는 아미노산이 풍부해 영양 가치로도 훌륭하지만, 지방이 적고 비린 맛이 없어 남녀노소 모두가 좋아하는 어종이다. 특히 열량이 낮아 다이어트에 많은 도움이 된다. 또한 양질의 단백질이 풍부하여 노인들 겨울철 영양보양식으로도 그저 그만이다. '대구 세 마리면 집안 어른 감기 걱정 없다'는 말이 있을 정도다.

특히 11월 말부터 이듬해 2월까지 북태평양에서 회유한 진해만 대구를 '가덕 대구'라 하여 최고의 별미로 쳤다. 예부터 가덕도 앞바다는 '가덕 대구'의 산란지로 유명했다. 산란기인 이 시기에 가덕도 앞바다에서 왕성한 먹이 활동을 하는 대구는, 살이 꽉꽉 차 영양가도 높고, 맛 또한 좋기로 정평이 나 있었다. 때문에 겨울철 '가덕 대구'는 임금에게 진상될 정도로 그 맛이 일품이었다.

이즈음 겨울 가덕도는 온 섬이 잔칫집이다. 가덕도와 진해만을 끼고 있는 '가덕 수로'는 예부터도 해산물이 풍부한 곳이지만, 겨울마다 떼를 지어 돌아오는 '가덕 대구'들 때문이다. 오래전 명맥이 끊겼던 '가덕 대구'가 치어방류사업의 성공으로, 매년 겨울 가덕도 앞바다에 몰려드는 것이다.

한창 때인 12월이면 가덕도 횟집 어느 수족관에서도 펄떡이는 가덕 대구를 쉽게 볼 수가 있다. 대부분이 '누룽이'라 불리는, 70~80cm에 7~8kg씩 되는 큰 몸집들이다. 때문에 집집마다 짭조름한 겨울해풍에 대구 몇 마리씩은 꾸덕꾸덕 잘 마르고 있고, 다양한 대구 요리가 무시로 풍성한 밥상을 차려내곤 하는 것이다.

대구 철에는 활어 상태의 '대구회'와 '대구 맑은 탕'과 '대구젓갈' 등을 맛볼 수가 있다. 대구는 어떤 요리든 맛이 깔끔하고 품격이 있는데, 그중에서도 뺏속까지 시원한 맛을 내는 '대구 맑은 탕'이 최고의 미각을 자극한다.

대구는 맛이 담백하고 비린내가 없어 탕으로 주로 먹는데, 잘 끓여놓으면 마치 곰국처럼 국물이 뽀얗다. 하얀 정소(곤이)가 넉넉하게 들어가 있고, 무와 대파를 숭덩숭덩 크게 썰어 궁극의 시원한 맛을 낸다. 한 숟가락 떠먹으면 국물이 입안으로 짜르르~ 뜨겁게 감기는데, 깔끔하고 후련한 맛이 거의 중독성을 띨 정도다. 고니와 함께 먹으면 구수하면서도 입안이 환하게 도는 감칠맛 또한 제대로다. 그러면서도 맛은 더욱 깊고 풍부해진다.

활어상태에서는 대구생선회도 별미로 꼽힌다. 대구회는 담담하면서 씹을수록 감칠맛과 함께 단맛이 돈다. 갓 잡은 활어로 회를 뜨기에 살이 부드러우면서도 살짝 쫀득하다. 많은 이들이 대구회를 맛보며 '살살 녹는다.'는 표현을 할 정도로 나름의 매력을 지니고 있다.

대구회의 적은 지방과 부드러운 식감을 보완하기 위해 대구 뱃살과 간, 정소와 함께 내기도 한다. 살의 담담한 맛을 간과 정소의 고소한 맛이 받쳐주며 상호 보완해내는 것이다.

대구 요리 중에는 얼큰한 '대구매운탕'도 빠질 수 없다. 몸에 한

기가 오고 찌뿌드드할 때, 큰 사발의 '대구매운탕'을 한 그릇 훌훌 들이마시면, 몸에 열이 오르고 땀이 나면서, 개운하게 몸이 풀리는 것이다.

대구는 탕도 좋지만 바닷바람에 꾸덕꾸덕 말린 '대구포'도 일품이다. 잘 드는 칼로 대구포를 결대로 저미듯 썰어 고추장을 듬뿍 찍어 먹으면, 쫀득쫀득 차지고 담박한 풍미에 길고 긴 겨울밤 최고의 술안주가 된다.

오래전 양반가의 겨울 술상에 없어서는 안 될 안줏감이기도 했다. 처마 끝에 두세 마리의 대구를 걸어놓고 동짓날 북풍한설 내릴 때 향기로운 술 한 잔에 쓱쓱 베어 먹으면 긴긴 겨울밤도 금방이었단다.

또한 임금께 진상하던 대구도 잘 말린 가덕대구를 이용하였다. 바닷가에서 이틀 사흘 말린 후 다시 집에서 사나흘 '얼었다 녹았다'

를 반복하며 일주일 동안 꾸덕꾸덕 말려야 비로소 임금께 진상을 하게 된다. 진상할 때는 필히 기름종이에 싸서 운반을 했다. 일반 한지로 싸면 보름여 운송 기간 동안 마르고 굳어서 대구의 질이 떨어지기에 그렇다.

또한 대구는 대가리를 이용한 '대구뽈찜'과 '대구뽈국'도 유명한데, 대가리 부분에 붙어 있는 살이 제법 두터워 발겨 먹는 맛이 쏠쏠하다. 뽈국 국물은 아주 담백하고 깔끔해 해장으로도 일품이다. 알과 아가미, 창자로는 대구알젓, 창란젓, 아가미젓갈 등을 담근다.

특히 동래 지역에서는 대구를 건조하거나 염장을 하여 다양한 조리법으로 사시사철 먹었다. 대구가 많이 잡히던 시절 동래반가에서는 잘 말린 대구로 대구포간국, 대구포찌개, 대구포구이, 곤이시래깃국, 대구살젓 등을 만들어 사계절 깊고 그윽한 대구의 맛을 즐겼다.

쌀뒤주에 넣고 말린 건대구를 쌀뜨물에 불려, 무 등을 숭덩숭덩 베어 함께 끓여내고 소금 등으로 간을 맞춘 대구간국, 무청시래기나 나물 등을 된장에 버무린 뒤 대구 정소를 풀어 끓여낸 '곤이시래깃국', 생대구의 살을 소금에 염장했다가 마늘, 참기름, 깨소금 등속에 버무린 대구살젓 등으로 두고두고 상에 올려 먹던 음식이기도 했다.

이처럼 맛도 좋고 영양가도 높아 가족 영양식으로 안상맞춤이었던 가덕 대구. 예부터 대구로 만든 음식의 이런저런 여러 가지 다양한 맛들이 사람 기분을 '들쑥날쑥, 들었다 놨다' 하며 흡족하게 한 것이다. 그만큼 대구는 겨울 바다 것들의 정점에 서 있었던 생선이다.

PART
02

바다를
품은 땅,
기장의 맛

산호자 멸치젓갈 쌈밥

기장의 이파리쌈과
곰삭은 젓갈의 만남

"어머니, 예전에 장안사 근처 골짜기서 나무 이파리 따서 쌈 싸 먹은 적 있잖아요?" "그래, 산호자 나무." "그 나무 요새도 있을까요?" "모르지. 요즘은 그쪽으로 잘 가질 않아서…. 잘은 몰라도 예전에 있던 나무들이 지금이라고 어디 가겠니?"

"요즘 기장시장에 아낙들이 조금씩 가지고 나와 파는 것을 보면, 요즘도 그 나무가 있는 게지." 아버님 말씀이시다. "왜? '탐식 프로젝트'에 쓰려고?" "예~" "그럼 소풍 삼아 한번 가보자꾸나. 오랜만에 메기매운탕에 산호자 쌈도 싸 먹어보고."

한때 장안사 부근 단골식당엘 가면 매번 찾던 음식이 있었다. '산호자 묵(묵은)나물'이다. 산호자 나무 어린잎을 삶아서 말려두었다가, 밥과 멸치젓갈에 쌈을 싸 먹는 것이다. 멸치젓국의 웅숭깊은 맛에 산호자 잎의 쫀득쫀득한 식감이 어우러져, 입안이 개운하고 오래도록 즐겁게 여운이 남는 '봄나물 쌈'이었다.

이 '산호자 멸치젓갈 쌈'은 봄이 익으면 익을수록, 마음속 '봄의 음식'으로 새삼 그리워지는 음식이었다. 봄을 맞으면 봄을 맞았다고 기분 좋게 쌈밥을 싸 먹고, 여름철 입맛이 없으면 입맛이 없다고 찬밥을 물에 말아 젓갈에 무친 산호자 나물을 얹어 먹었던 것이다.

그런데 최근 장안사 근처 식당들이 산호자 잎을 상에 내놓지 않는 것이다. 물어보니 사람들이 즐겨 찾지 않아 손님상에 내놓지 않

은 지 꽤 됐단다. 봄이면 마대 자루 하나씩 채취하여 묵나물을 만들어 일 년 내내 제공하던 식당들인데 참으로 아쉬운 마음이 크다.

이 '산호자 나무'는 나무껍질이 하얗고 매끈매끈하여 '사람 살결처럼 생겼다'고 원 이름이 '사람주나무'다. 나무껍질이 희다고 '여자나무'라 부르기도 한다. 감나무 잎처럼 생긴 이파리도 사람 피부처럼 보드랍다. 잎을 따보면 하얀 즙이 나온다. 낙엽소교목으로 '신방나무', '쇠동백나무'라고도 부른다.

우리나라 중부 이남의 해안 산골짜기나 산 중턱에 자생하는데, 경상남도 양산과 부산 동부 기장의 야산에도 많이 서식한다. 6~7월에 꽃이 피는데, 꽃이 피기 전 나무에서 어린잎을 따 끓는 물에 살짝 데쳐 쌈을 싸먹거나, 햇볕에 말린 다음 나물로 무쳐 먹고, 두고두고 묵나물로 먹기도 한다.

5월 중순부터 채취가 가능한데, 하순경의 잎이 쌈거리로 먹기에 적당하다. 이를 멸치젓국에 곁들여 쌈을 싸 먹으면, 봄이 입에서 기껍게 노니는 것이다.

신록이 한창 푸르른 기장의 봄 산행 중 산골짜기를 중심으로 몇몇 사람들이 나뭇잎을 따고 있다면, 거의 산호자 잎을 채취하고 있다고 보면 되겠다. 산호자 잎으로 즉석에서 젓국이나 쌈장으로 밥을 싸 먹으면, 아주 만족스러운 '도시락 쌈밥'이 되기 때문이다.

이 산호자 잎은 멸치젓갈과 함께 해야 더욱 근사하고 흔쾌한 맛을 낸다. 멸치젓갈이 쫀득쫀득한 산호자 잎의 식감과 어울려 그 맛을 더욱 살려주기에 그렇다. 데쳐놓으면 잡내가 없고 봄나물 특유의 향이 적어 냄새에 민감한 사람들도 좋아하는 나물 식재료이다.

두릅이나 엄나무 등 다른 봄나물들은 겨울을 굶주린 동물들의 먹이가 되지 않기 위해 약간의 독성과 강한 향을 발산한다. 이를 사람이 먹으면 나른한 몸을 긴장시켜 춘곤증을 이겨내는 음식이 되는 것이다.

그러나 산호자 잎은 그 맛이 순하고 부드러워 벌레마저도 주식으로 삼아 잘 먹는다. 때문에 봄 산호자 어린 이파리마다 애벌레들이 꼬물꼬물 집을 짓고 사는 경우가 많다. 그만큼 나무의 성정이 유순하고 담박한 것이다.

이 산호자 잎에 잘 익은 멸치젓갈의 풍성함까지 더하면, 나른한 봄날의 조촐한 밥상이 풍성하게 보이는 것이다. 특히 '산호자 쌈'의 젓갈은 꼭 기장 대변의 멸치젓갈을 써야 그 풍미가 제대로 완성이 된다. 지역의 음식은 지역의 식재료와 궁합이 맞기에 그렇다.

부모님과 한나절 산을 뒤져 따 온 산호자 잎으로 '산호자 멸치젓갈 쌈밥'을 해 먹는다. 흰 쌀밥을 고슬고슬하게 짓고, 산호자 잎을 끓는 물에 삶는다. 곧이어 진한 풀 냄새가 폴폴폴 난다. 초록색 잎이 짙은 녹색으로 변할 때까지 2~3분 정도 삶으면 된다.

대변 멸치젓갈로 젓국장을 만든다. 콤콤하고 구수한 젓국 냄새가 사람 입맛을 제대로 자극한다. 멸치젓국에 고춧가루와 간 마늘, 땡초 두세 개 송송 썰어 넣고 뒤섞어준다. 그 위에 통깨를 솔솔 뿌려주면 젓국장 완성이다.

산호자 잎을 넓게 펴고 고슬고슬하게 지은 흰 쌀밥을 얹는다. 그 위에 멸치젓국장을 넉넉하게 올린 뒤 쌈을 싸서 입에 넣는다. 한 입 씹자 젓국장의 구수한 풍미가 터져 오른다. 그리고 산호자의 쫀득쫀득한 식감이 밥알과 젓국장과 어우러지며 씹을 때마다 절정의 미감을 제공하는 것이다.

산호자는 자기만의 독특한 향이 없기에 어느 양념과도 잘 어울린다. 때문에 어느 조미양념에 무치고 어느 젓갈에 얹어 먹느냐에 따라 천차만별의 다양한 음식으로 변신 가능한 식재료이기도 하다.

여기에다 멸치젓갈 하나 얹어 먹으면 더 이상의 궁극의 쌈은 필요치 않다. 여기서 중요한 관점 하나, 부산지역에서 멸치젓갈은 음식 맛을 더해주는 보완재가 아니라, 어엿한 음식의 한 종류로 자리매김하고 있다. 그만큼 부산 대표 식재료로서 멸치의 가치와 위상은 남다르다.

제철의 싱싱한 멸치와 좋은 소금, 담그는 사람의 짭조름한 손맛이 들어간 기장 대변 멸치젓갈. 음식의 간을 맞추기도 하고 밑반찬으로 직접 상에 오르기도 하는 대변 멸치젓갈은 부산의 간판음식이

다. 깊고 풍성한 '곰삭음'의 진미는 밥상 위에서 강렬한 식욕을 동반하는 자극제이기도 하다.

사람이나 음식이나 오래될수록 깊은 맛이 나고, 자신의 모든 것을 담뿍 내어놓을 때 사랑을 받는다. 자신의 몸을 펄펄 끓여내 속 깊게 발효시키고, 그로 인해 사람들에게 이롭게 하는 음식이기에 우리는 젓갈을 기꺼이 곁에 두는 것이다.

기장은 경남 양산에서 부산으로 편입된 지역이다. 때문에 원 부산의 식생이나 문화와는 조금씩의 차이가 있다. 식문화에 있어서도 특색 있고 보존 가치가 높은 식재료와 기록해놓아야 할 음식 및 조리법들이 많다. 그중 하나가 감나무 잎을 닮은 산호자 나뭇잎이다. 대변 멸치젓갈도 마찬가지다. 늘 눈여겨보고 먹어야 할 부산의 귀중한 식재료들이다.

조리법은 다채롭고
가격은 착한 서민 음식

방게

기장 앞바다는 동해와 남해가 만나는 길목이자, 한류와 난류가 스쳐 지나는 해류의 교차로이기도 하다. 때문에 다양한 갯것들이 함께 모이는 삶의 터전이자, 해류 따라 남해와 동해를 넘나드는 어류들의 중간 기착지이기도 하다.

하여 사시사철 철마다 특색 있는 해산물들이 풍성하게 어획되는데, '기장 방게'도 그 대표적인 어족 중에 하나다. 방게는 시중에서 흔히 볼 수 없는 게로, 부산 기장 앞바다의 수심 깊은 뻘 바닥에 서식을 한다.

진회색이나 갈색 계열의 몸체를 가진 다른 게와는 달리, 방게는 몸이 전체적으로 연한 분홍색을 띤다. 크기는 그리 크지 않으나 산란철에는 알과 살이 꽉꽉 들어차 있는데, 몸 전체가 알로 가득 차 있다고 해도 과언이 아니다.

때문에 기장 방게는 그 맛이 예사롭지가 않다. 살은 담백하면서도 달콤하고, 알은 고소하고 진한 것이 오돌오돌하다. 특히 기장에서도 산란철의 방게는 1년에 한 달 정도만 먹을 수 있기에, 이를 맛보려 일부러 기다리는 사람들이 있을 정도로 그 인기가 높다.

몸체가 가로 쪽으로 조금 긴 타원형이며, 껍질이 전체적으로 부드러워 등딱지를 제거한 후 튀기거나 볶으면 통째 먹을 수가 있다. 산란철에 잡히는 방게는 거의가 알을 밴 암놈일 정도로 암게의 개체수가 많은 것도 특징이라면 특징. 특히 제철에 잡히는 방게는 만 원 정도면 한 가족이 충분히 먹고 남을 만큼 살 수가 있어 가격 면에서도 참으로 착하다.

'기장 방게'는 크기가 적당해서 큰 게의 조리법과 작은 게의 조리법 모두를 적용할 수가 있다. 살은 살대로 먹고, 알은 알대로 먹으면서도, 게를 통째로 조리해 먹는 등 음식으로서의 쓰임새가 다양하다.

담백하니 쪄내서 맛이 깊은 '방게찜'을 비롯하여, 바싹하게 튀겨 껍질째 와작와작 고소하게 씹어 먹을 수 있는 '방게튀김', 튀긴 방게를 매콤달콤한 양념장에 넣고 달달 볶아 먹는 '방게볶음', 팔팔 끓인 간장에 이삼 일 재워서 먹는 '방게 간장게장' 등 각양각색의 음식으로 만들어 먹을 수 있는 것이 '기장 방게'이다.

특히 기장에서는 이 방게를 넣고 '방게라면'도 끓여 먹고, 토속된장에 '방게된장국'도 끓여 먹고, 방게를 통째로 갈아서 걸러낸 후 '방게추어탕'도 만들어 먹는다니, 가히 방게로 못 만들어 먹는 음식이 없을 정도이다.

기장 방게는 기장에서도 어족이 다양한 문동, 문중, 칠암 마을 앞바다에서 통발로 잡는다. 깊은 수심의 뻘밭에서 서식하는 방게는 봄부터 가을까지 어획되는데, 특히 7~8월 여름철에 알이 꽉 차서 그 맛이 일품이다.

"올해는 물이 차바서 그런지 방게들이 빨리 알을 뱄네예." 기장시장 한 귀퉁이에서 방게를 팔고 있는 문중마을 아낙 김영숙 씨의 말이다. 기장시장에는 김 씨와 함께 세 사람의 아낙이 방게와 더불어 다양한 '기장산 갯것'들을 팔고 있다. 이들은 모두 뱃사람의 아내로, 남편이 배에서 잡아 오는 해산물들을 시장에 직접 내다 팔고 있는 것.

김 씨네 어선에서 통발로 잡은 해산물들이 여러 개의 고무대야에 한가득이다. 돌낙지, 대왕문어, 돌게, 고동 등의 해산물과 참돔, 농어, 붕장어, 놀래미, 배도라치 등 활어, 주낙으로 잡아 올린 기장 특산 말미잘 등 기장 앞바다의 어족들을 다 풀어놓은 것만 같다.

"요새 돌낙지도 방게만치 많이 잡힙니더. 쫀득쫀득하고 짭짤한 기 뻘낙지 열마리 하고도 안 바꾸는 기 돌낙지 맛 아입니꺼~" 뻘에서 나는 뻘낙지는 체색이 유백색인데 비해 돌낙지는 붉은 갈색을 띤다. 조류가 센 바위틈에서 서식하기에 식감이 쫄깃하고 낙지 비린내가 적단다. "선전 쫌 해주이소~ 우리 어민들 쫌 묵고 살구로~!" 세 아낙이 싱싱한 해물들을 들어 보이며 이구동성이다.

'기장 방게'를 "뱃사람들은 어떻게들 먹느냐?"고 물으니, 알이 맛있어서 주로 쪄서 알로 먹거나, 껍질이 약해서 바싹하게 튀겨서도 먹는데, 뭐니 뭐니 해도 뱃사람들에게는 배에서 끓여 먹는 '방게라면'이 최고의 특식이란다. 해안가 마을에서는 미꾸라지를 대신하여 방게를 갈아 '방게추어탕'을 만들어 먹기도 한단다.

방게를 한 대야 사면서 김 씨에게 요리할 때 주의할 점을 묻는다. "끼장(게장) 할 때는 팔팔 끓는 간장을 부아야 됩니더. 간장을 식하서 부우먼 안 됩니더. 그라고 요리하고 남은 끼는 꼭 삶아서 냉동실에 넣어 놓으이소. 안 그라면 알이 다 녹아뿌서 맛이 없십니더."

'기장 방게'로 갖가지 요리를 한다. 우선 큰 냄비에 방게를 넣고 찐다. 얼마지 않아 고소한 냄새가 진동을 한다. 특유의 기분 좋은 게 비린내가 그윽하게 풍기며 코끝을 간질인다. 냄비 뚜껑을 열어 보니 향긋한 게 냄새와 함께 김이 모락모락 피어오른다. 먹음직스런 붉은색 방게가 한 솥 가득이다.

돌솥에 물 없이도 쪄보는데, 그 구수함이 필설조차 할 수가 없다. 진하고 달콤한 냄새가 실내 가득 진동을 한다. 마치 싱싱하고 부드러운 오징어를 맥반석에 고소하고 달달하게 구워내는 것만 같다.

쪄낸 방게 등껍질을 벗겨내니, 속이 알로 그득하다. 크지 않다고 그냥 넘길 놈이 아니다. 티스푼으로 등딱지 가득 들어차 있는 진홍색의 알을 싹싹 긁어 한입 쏘옥 털어 넣는다. 음~! 저절로 터져 나오는 탄성. 고소함이 아예 경지에 올랐다. 바다의 향기가 넘실대고 출렁인다.

방게튀김도 맛을 본다. 기름에 튀겼기에 기름지지 않을까 생각했는데 전혀 아니다. 고소한 맛은 더 강해지고 게 특유의 감칠맛은 더욱 깊어졌다. 알을 먹어보니 버터에 굽거나 치즈를 올려 먹는 것처럼 고소하고 부드럽다. 바삭바삭한 것이 아이들 간식이나 맥주 안주로도 궁합이 맞겠다.

토속된장을 넉넉하게 퍼 넣고, 보글보글 방게된장국을 끓인다. 토속된장이라 짠맛이 강한데 방게의 들큰하고 진한 육수가 된장국의 깊은 맛을 더해준다. 된장국 한 술 뜬다. 짙은 게장 냄새가 한껏 사람 혀끝을 감아 돌며 희롱한다. 뜨거운 국물에 속까지 뜨끈하게 풀리는 것 같다. 된장국 속 방게를 통째로 한입 크게 씹어 먹는다. 방게의 달콤한 살과 짭조름한 된장국이 서로 어우러져 입안에서 흘러 넘쳐난다.

방게라면
방게된장국, 기장 방게

마지막으로 라면에 방게를 넣고 끓인다. 방게 몇 마리 넣었을 뿐인데, 라면에서 온통 짙은 해물 냄새가 밀려온다. 라면 한 젓가락 입에 넣는다. 갯바람 가득한 바다물결이 입안에서 한창 일렁인다.

국물도 한 모금 마신다. 땡초를 한 개 송송 썰어 넣었더니, 알싸하고 시원한 맛이 여간 아니다. 대취를 하고 난 다음 날, 해장용으로도 안성맞춤이겠다. 달큰하고 구수하고 짭조름한 방게라면을, 후루룩후루룩 연신 땀을 흘리며 먹다 보니 어느새 그릇을 비우고야 만다.

'쪽쪽' '쩝쩝' '와작와작'…. 큰소리로 왁자지껄 정신없이 떠들고 먹을 때 비로소 제맛을 알 수 있는 '기장 방게.' 값싸고 양이 많아 온 가족이 퍼질러 앉아 '게 판'을 벌여야만 더 맛이 나는 서민들의 음식. 여름철에는 이 '기장 방게'로, '제철 풀이' 제대로 해보는 것도 나쁘지 않겠다.

갖은 양념 털어 넣고
끼니로 대용했던 우무

기장우묵

여름철 전통음료를 꼽으라면 화채, 식혜, 수정과 등도 있겠지만, 영양가 높고 고소한 맛이 일품인 콩국도 그 앞자리를 차지할 것이다. 동동 뜬 우무채와 함께 목젖이 시원하도록 훌훌 들이켜는 얼음콩국은, 살근살근 '우무' 씹는 재미 또한 더해져 여름 더위를 단번에 날려준다.

콩국에 왜 '우무'가 들어가는 것일까? 그 이유는 우무가 가지고 있는 찬 성질이 콩국과 함께 체열을 내려주기도 하거니와, 여름 갈증에 급히 마시다 사레들지 말라는 조상들의 지혜로움 또한 숨어 있다. 맛과 영양뿐 아니라 마실 때의 재미와 여유를 더해주는 음식이 바로 콩국인 것이다.

기장시장. 이곳은 유별나게 콩국집들이 많다. 집단화된 콩국골목이 있을 정도이다. 곳곳에 우무를 켜켜로 쌓아놓고, 차게 식힌 콩국물에 우무를 넉넉히 넣은 콩국을 팔고 있다. 이는 기장이 우뭇가사리의 부산최대 생산지라는 점과 밀접한 연관이 있다.

우뭇가사리는 우뭇가사릿과에 속하는 홍조류의 해조류이다. 수심 20~30m 바위에 붙어 자라는데, 바닥이 모래로 이뤄지고 해수의 소통이 잘되는 곳에 군집을 이룬다. 부산은 기장지역이 대표적인 군락지이다.

이 우뭇가사리를 씻어 햇볕에 말린 후 고면 젤라틴 형태의 '한천'이 생산되는데, 이를 '우뭇가사리 묵'이라 하여 '우무'라 한다. 냉채, 냉콩국, 무침 등 차갑게 해서 먹는 요리에 사용되며, 섬유질이 많은 대신 열량은 거의 없어 다이어트 식품으로도 널리 사랑받고 있다.

기장에는 이 우무를 직접 만들어 다양한 음식의 식재료로 활용하고 있다. 그러나 워낙 일손이 많이 가는 일들이라, 요즘은 집에서 만들어 먹는 경우가 적다고 한다.

"아이고~! 말도 마이소~! 이 우묵은 일손이 백 번도 더 들어간다 아입니꺼. 시어머니가 수돗물 값도 안 나온다고, 하지 마라, 하지마라~ 칼 정도라예." "와 아이라~! 우뭇가사리를 물에 불리고 말리기를 네댓 번 해야 되제, 일일이 불순물 손으로 떼야 되제, 모래는 방망이로 뚜디리서 털어내야 되는데, 요새 누가 이런 일을 하겠는교?" 기장시장 우무 파는 아낙네들이 손사래를 치며 하는 말이다.

기장에서는 이 '우무'를 청각, 까시리, 오이 등과 함께 넣어 '우무냉국'도 해 먹고, 갖은 야채와 함께 양념장에 버무려 '우무무침'을 해 먹기도 한다. 각종 과채와 함께 마요네즈 등 드레싱에 무쳐 먹는 '우무샐러드'는 요즘 들어 인기란다.

저장음식으로, 우무를 간장에 담가두었다 겨울에 참기름에 조물조물 무쳐서 먹는 '우무장아찌'도 특색 있는 음식이다. 여름에는 새콤달콤한 비빔양념장에 야채를 채 썰어 비빔냉면처럼 해 먹기도 한단다.

입이 심심할 때면 우무를 깍둑깍둑 썰어 마른 콩가루에 무쳐 먹기도 한다는데, 마치 인절미 맛이 난다고. 콩국 만들기 번거로울 때

우무요리와 우무디저트
말린 우뭇가사리, 기장우묵, 콩고물에 궁글린 우무

는 미숫가루를 타 우무와 곁들여 먹기도 했단다.

우무 사이에 빨간색의 우무도 눈에 띈다. 요즘 통 보이지 않던 '기장우묵'이다. '기장우묵'은 우뭇가사리를 된장이나 다시마, 멸치 등으로 우린 육수에 넣고 고다가, 방아, 고추, 마늘, 파 등을 섞어 굳힌 우무이다.

기장우묵은 먹을 것이 부족했던 시절, 끼니 대신 먹던 기장의 보릿고개 음식이었다. 음식의 부재료였던 '우무'를, 집에 있는 갖은 식재료를 털어 넣고 간을 맞춰 끼니로 먹었던 것. 지금은 '추억의 음식'으로 전락하여, 기장우묵을 즐기는 세대를 끝으로 그 명맥이 끊길 수도 있는 음식이다,

반가운 나머지 기장우묵을 팔고 있는 박혜숙 씨에게 "기장우묵, 어디서 만들어 가져옵니까?" 물었다. "그런 거 와 묻는교?" 하면서도 일일이 대답을 해준다. "일광 이천리에 사는 아지매가 만든다 아인교. 요새 몸도 안 좋고 만드는 일도 힘들고, 자식들이 말리고 해서 안 할라 카네예." 하기야 우무도 손이 많이 가는데, 기장우무는 더 하겠다 싶다.

시장의 몇몇 아낙들도 "이제 집에서 기장우묵 만들어 먹는 사람은 없다."고 잘라 말한다. "워낙 일손이 많이 가는데다 주변에 맛있는 음식들도 많은데, 굳이 기장우묵을 만들어 먹겠냐?"는 것이다.

집에서 기장우묵과 우무, 청각 등으로 '기장우묵 요리' 몇 가지를 만들어 맛을 본다. 우선 '우무콩국.' 콩국에 우무를 채 썰어 넣고 얼음 몇 개 띄웠다. 차고 깊은 고소함에 우무가 입안에서 살살 씹히는 것이 꽤 괜찮다.

기장사람들은 콩국 대신 미숫가루에도 우무를 넣어 훌훌 마셨는데, 달짝지근한 미숫가루에 우무를 더하니 이 또한 색다른 디저트가 된다. 이와 더불어 우무를 깍둑깍둑 썰어 달콤한 콩고물에 궁굴려 먹으니, 고소하고 달콤한 콩고물과 살강거리는 우무가 어울려 아주 재미난 후식이 된다. 은근하게 자꾸 손이 간다.

'우무청각오이냉국'은 바다 향 물씬 나는 청각의 사각거리는 식감에 오이의 싱그러움, 우무에 부드럽게 씹히는 식감이 새콤달콤한 국물과 어우러져 상쾌함이 제대로다. 땡초를 다져 넣어 알싸한 것도 뒷맛을 깔끔하고 개운하게 한다. 메밀국수 등을 말아 먹어도 괜찮겠다.

'우무야채무침'은 오이, 파프리카, 당근, 파, 청각 등 집에 있는 갖은 야채를 채 썰어 참기름 몇 방울 떨어뜨린 간장양념장에 버무렸다. 야채의 다양한 식감과 사각거림, 청각 등 해조류의 싱그러운 해감내, 땡초를 넣어 알싸한 양념장과 참기름의 고소함까지 겹쳐, 여름철 최고 별미 반찬으로도 손색이 없겠다. 삶은 국수를 비벼 먹으니, 이 또한 여름별식으로 훌륭하다.

'기장우묵'을 맛본다. 처음에는 약간 가슬가슬하고 밍밍한 것이 별 맛이 나지 않다가, 씹으면 씹을수록 방아 향과 멸치육수, 된장 맛 등이 일어선다. 굵게 갈아 넣은 고추도 씹히고, 다진 다시마 등도 씹힌다.

기장사람들은 이 기장우묵을 그냥 먹거나, 소금이나 초고추장에 찍어 먹는다. 개인적으로 참기름을 곁들인 땡초양념장에 찍거나 버무려 먹으니 맛이 한결 더 살아난다. 간을 한 나물이나 해조류에 채 썰어 넣고 함께 먹어도 궁합이 맞겠다.

앞서 얘기했듯 '기장우묵'은 보리흉년에 밥 대신 먹던 구황음식이었다. 집에 있는 모든 것을 다 털어 넣고 만들어 먹으며, 힘든 시절을 참고 견디게 했던 음식이다. 보리개떡이나 장떡, 기장의 '까막바리털털이'처럼 끼니를 잠시 속이는 대용식이었던 것이다.

그러나 지금은 '추억의 음식'으로 기장시장 한 구석에서 그 명맥만 유지하고 있다. 일손, 시간, 정성이 삼위일체 되어야 먹을 수 있는 슬로우푸드, 기장우묵. 이제 현란한 맛의 음식들에게 밀려 이마저도 보기 힘들어지고 있는 것이다.

향토음식은 한 지역의 역사와 문화를 내포하고 있다. 지역의 모든 정보들을 저장하고, 이를 후손들에게 전해주는 역할을 한다. 이런 지역음식들이 사라지면, 우리지역의 역사와 문화도 온전하게 지킬 수 없다.

메뚜기볶음

후드득후드득~ 들판 여기저기서 메뚜기가 날아오른다. 사람 발길을 피해 메뚜기들이 이리 뛰고 저리 뛴다. 메뚜기를 따라 사람들도 포충망을 휘두르며 이리 뛰고 저리 뛴다. 깊어가는 가을, 황금색 물결 일렁이는 벌판에서 바야흐로 메뚜기 잡이가 한창이다.

메뚜기는 주로 식물의 잎을 갉아 먹고 산다. 특히 벼가 익을 철에는 왕성한 식욕으로 벼 잎을 갉아 먹는다. 때문에 메뚜기는 벼농사의 천적. "상잎(햇빛을 받는 제일 위의 잎)을 갉아 먹으면 나락이 여물지 않고 쭉정이만 남아요." 기장군 일광면 용천리 대리마을 경로회장 송태환 옹의 말이다.

이 마을 논에 메뚜기가 지천인 이유는 10여 년 전부터 유기농 농법으로 농사를 짓기 때문이다. 논에 농약을 치면 메뚜기가 살지 못하지만, 농약을 줄이는 유기농 농법으로 영농을 하면 메뚜기가 극

벼메뚜기, 방아깨비, 섬서구

성을 부려 농사에 지장이 많다.

때문에 벼와 메뚜기가 서로 공존할 수 있도록 메뚜기 개체수를 인위적으로 조절해줄 필요가 있다. 그래서인지 대리마을은 추수 전 마을 사람들이 메뚜기천렵을 한다. 메뚜기를 볶아 밥반찬이나 술안주로 특식을 즐기는 것이다.

메뚜기는 배고픈 시절, 수확기 전의 중요한 단백질 공급원이자 추억의 식재료였다. "어린 시절 논과 밭에서 한나절 메뚜기를 잡아 볏짚에 구워 먹곤 했는데, 얼마나 고소하고 맛이 좋았던지…. 지금도 그 맛을 잊지 못해 메뚜기를 잡아 볶아 먹곤 하지요." 요리사인 김판철 씨의 말이다. "한때는예, 맥줏집 안주로 메뚜기볶음이 억수로 인기가 많았어예. 술안주로는 첫손구락 손꼽히는 기 메뚜기였다 아입니꺼." 강덕칠 씨가 말을 받는다.

이 마을에는 10여 년 전부터 논에 농약을 치지 않고 농사를 짓고 있다고 했다. 그래서인지 달음산 기슭의 공기는 맑고, 한가로운 마을 풍경은 한 폭의 그림처럼 고즈넉하다.

마을사람 최해모 씨와 김판철 씨, 강덕칠 씨 등이 반가이 맞아준다. "어떻게, 메뚜기는 좀 있습니까?" 혹 메뚜기가 없어 취재에 허탕이라도 칠까 노심초사 하여, 사람 안부보다 메뚜기부터 챙긴다.

"버글버글합니더. 농약 안 치고 10년 농사를 지으니까네, 온 논에 메뚜기가 지천이라예." 농업경영인 최해모 씨의 말이다. 100마지기(2만여 평)를 경작하는 농업인으로 '백진주'라는 벼 품종을 경작하고 있다. 찹쌀 맛이 나고 식감도 찹쌀처럼 쫀득한 느낌이라 인기란다.

다짜고짜 "먼저 메뚜기를 잡으러 가자."고 닦달을 한다. 대리마을

주민 몇몇과 메뚜기를 잡으러 논으로 향한다. 병목 부분을 도려낸 페트병을 살림망 삼고, 메뚜기 잡는 포충망도 하나씩 들고, 무릎까지 오는 장화까지 든든하게들 신었다.

논둑에 들어서자 풀숲에서 메뚜기가 혼비백산 산지사방으로 흩어지며 날아오른다. 누렇게 잘 익은 벼 위의 메뚜기를 포충망으로 낚아챈다. 허탕이다. 메뚜기는 요리조리 포충망을 피해 잘도 달아난다.

몇 번의 허탕 끝에 벼메뚜기를 한 마리 잡는다. 이후 낚아챘다 하면 한두 마리씩 잡히기 시작한다. 점점 어린 시절 동심으로 빠져들어 간다. 포충망의 메뚜기를 살림망 페트병에 옮기기 위해 손으로 잡는데, 버티는 힘이 대단하다. 뒷다리를 힘껏 박차며 온몸으로 저항하는 품이 상당한 역동성을 느끼게 한다.

한 시간여를 잡았을까? 시간 가는 줄 모르게 잡다 보니, 페트병에 절반 남짓의 메뚜기가 들어찼다. 모두 모아보니 상당한 양이다. 잡은 메뚜기는 대부분 벼메뚜기, 방아깨비, 섬서구 등이다.

벼메뚜기는 논이나 그 주변의 논두렁에 서식하는데, 보리나 벼 이삭을 주로 먹고 산다. 예부터 메뚜기볶음의 주재료로, 고소하고 바삭바삭한 식감으로 밥반찬이나 술안주용으로 사랑받던 식재료였다.

방아깨비는 다른 메뚜기보다 몸집이 크다. 방아깨비의 긴 뒷다리를 쥐고 있으면 마치 방아를 찧듯 몸을 끄떡끄떡 절을 하기 때문에 방아깨비라고 한다. 특히 수컷은 앞날개와 뒷날개를 서로 부딪쳐 "때때때때" 하고 큰 소리를 내며 날아다니기에 '때때'라고 부르기도 했다.

섬서구는 방아깨비와 비슷하게 생겼는데, 방아깨비보다 몸집이 작고 통통하며 뒷다리가 짧다. 수놈이 암놈에 비해 턱없이 작다. 수놈이 암놈 등에 올라타 짝짓기를 할라치면, 그 모습이 마치 아기가 어미 등에 업힌 것처럼 보인다. 간혹 이렇게 교미를 하는 메뚜기를 보면 기어코 잡아서 낄낄대며 좋아라 하던 되바라진 아이들도 있었다.

어린 시절 가을이 되면 온 들판을 쏘다니며 메뚜기 잡이로 하루를 보냈는데, 톡톡 튀는 메뚜기를 잡는 재미가 여간 쏠쏠하지 않았다. 해가 질 때까지 잡은 메뚜기를 강아지풀에 줄줄이 꿰어 집으로 가져가면 어머니께서는 프라이팬에 소금을 살짝 뿌려 달달달 볶아 주시곤 했다.

잡은 메뚜기로 최해모 씨 부인인 김쌍금 씨가 익숙한 솜씨로 요리를 한다. '메뚜기볶음'은 기름 두른 프라이팬에 메뚜기를 넣고 들들 볶다가 메뚜기가 빨갛게 익으면 소금을 약간 뿌려 간을 한다. '메뚜기간장고추볶음'은 메뚜기를 달달 볶다가 간장과 설탕을 넣고 뒤적여주다가 불을 끄고 땡초를 채 썰어 뒤적여 잔열에 익힌다.

메뚜기요리로 소박한 술상이 차려진다. 대리마을 사람들과 술잔을 기울이며 메뚜기볶음을 맛본다. 바싹바싹 식감이 경쾌하다. 뒤이어 짭짤하면서도 고소한 맛이 술안주로 그저 그만이다. 고추를 넣고 볶은 메뚜기는 은근한 짠맛과 달콤함, 땡초의 맵싸함까지 배여 씹을수록 깊은 맛이 도는데 밥과 함께 먹으면 좋은 반찬이 되겠다.

"맛있네~ 그란데 메뚜기가 쪼매만 더 컸으면 좋을 뻔했거마는. 메뚜기가 잘아서 덜 꼬시네." 송태환 옹의 말이다. "그래 말입니더.

논에서 메뚜기를 잡는 마을사람들
메뚜기볶음

그래도 풀내가 솔솔 나는 기 좋기는 좋네예." "와 아이라. 좋은 나락 묵고 큰 놈인데 맛 없으모 안 되지."

한 잔 술에 한 점 메뚜기볶음이 어우러지고, 술자리는 제법 재미있게 익어만 간다. 어린 시절 메뚜기에 얽힌 사연에서부터 올해 벼농사 이야기까지, 말은 말꼬리를 물고 계속 이어진다. 이렇게 황금들판이 붉게 물들 때까지 술추렴은 불콰하게 계속되는 것이다.

단백질을 80% 정도 함유하고 있는 고단백 식재료인 메뚜기. 무기질, 철분 등을 다량 함유하고 있어, 성장기 어린이들의 체력보강이나 연로한 노인들의 원기회복에 좋은 영양식이다. 위장을 따뜻하게 보해주어 입맛을 돌게 하는 효능도 있다.

요즘 부쩍 '곤충'이 가장 순수한 식재료, 미래의 식량자원으로 떠오르고 있다. 지구촌 여러 나라들이 앞다투어 식량화를 서두르고 있는 것이다. 일반 동물 단백질보다 월등하게 순수한 단백질을 보유하고 있는 곤충류, 특히 엄청난 번식력을 자랑하는 메뚜기의 식량사업은 새로운 '미래 산업'으로 큰 관심을 받고 있는 추세다.

아련한 유년의 추억음식 메뚜기. 오랜만에 어린 시절 동심에 흠뻑 빠진 하루를 보내며, 부산의 토속음식으로서의 메뚜기요리에 새삼 관심을 가져본다.

기장 앞바다의 향긋함이

푸들푸들 살아 오르는

미역설치와 몰설치

기장 해안지역 사람들이 즐겨먹는 음식 중 '설치'라는 향토음식이 있다. 기장에서 나는 해조류를 콩나물과 함께 곁들여 무쳐 먹는 음식으로, '국물이 자작하게 있는 해초나물무침'이라고 보면 되겠다. 설치는 일반적으로 나물무침이라기엔 국물이 넉넉하고, 해초냉국이라기엔 국물이 자작한, '무침과 냉국의 중간 개념의 음식'으로, 그 독특함이 남다르다.

주로 기장의 특산물인 미역을 식재료로 '설치'가 발달했는데, 몰(모자반)이나 개내이(갯냉이)로도 '설치'를 만들어 먹는다. 미역으로 '설치'를 만들어 먹으면 '미역설치'이고, 몰을 사용하면 '몰설치'가 된다. 평소 밥반찬으로 먹기도 하고, 큰 잔치 때는 빠져서는 안 되는 음식 중 하나이기도 하다.

예부터 기장바다는 한류와 난류가 만나는 곳으로, 바다생물에게 유익한 유기물이 풍부해 다양한 어족자원이 다량 분포하고 있는 지역이다. 해조류도 예외는 아니어서, 기장 특산물로 그 품질을 인정을 받고 있는 미역, 다시마를 비롯해 몰, 톳, 서실, 까시리, 개내이, 진도바리, 까막바리 등 다양한 해초류가 풍성하게 생산되고 있다.

그중 생산량이 많고 맛도 좋은데다 식감과 향이 좋은 미역과 몰은 오래 전부터 다양한 음식의 식재료로 활용되어왔다. 특히 '설치'는 해초무침처럼 해초의 식감을 즐기면서도 냉국처럼 국물도 먹을 수 있어 기장사람들에게 널리 사랑 받아온 음식이다.

밥반찬으로 제 몫을 다할 뿐만 아니라 입이 깔깔할 때 한 모금 들이켜 입을 다시거나, 술 먹고 난 다음 날 후루룩후루룩 해장하기에도 안성맞춤이다. 또한 입맛이 없을 때는 자작한 국물에 밥을 훌훌 말아 먹어도 그저 그만이기에, 갯가사람들에게 있어 설치는 가히 '가정상비음식'이라 여겨질 만하다.

기장시장을 어슬렁거리다 좌판에 기장 해초를 파는 할머니 옆에 쭈그리고 앉는다. "모친, 요새 미역이 좋네요?" "요새 햇미역이 나온다 아이가. 미역이 어리서 보돌보돌하이 좋타." "여기서는 미역으로 설치를 해 먹는다 하던데요?" "설치를 우째 아노? 요새 사람들은 잘 모를 낀데…. 설치 맛있지. 미역이나 몰 나올 철에 여(여기) 사람들 잘 묵는 음석(음식) 아이가." "잔치 때 설치 없으면 안 된다면서요?" "하모~! 잔치 때 설치가 없시모 안 되지. 고기음석 묵을 때 설치국물로 입도 다시고, 밥반찬으로 묵고, 술안주로도 내고, 약방에 감초 같은 음석 아이가." 흥이 나서 이것저것 '설치'에 대해 줄줄이 꿴다.

'설치'의 식재료인 기장미역은 『세종실록지리지』 동래현조에 "기장미역을 진상하였다."는 기록으로 보아, 15세기 이전부터 기장의 특산물이었음을 알 수가 있다. 『비변사등록』에는 현재의 고리지역인 '화사을포'에 있던 곽전(미역밭)이 왕세자의 소득원이 되었다는 기록도 있다. 또한 여러 기록에 임신한 왕후가 산후음식으로 기장 미역국을 드셨다고도 전해진다.

처음에는 해안가 바위에 붙은 자연산 미역을 채취하였으나, 1966년에 미역 양식에 성공하면서 1980년대 이후부터는 대부분이 양식

단촐한 설치밥상
설치 재료인 미역과 몰

미역을 생산하고 있다. 미역 양식의 첫 배양지는 기장 일광읍 학리.

기장미역은 북방형 미역으로, 줄기와 엽체가 좁고 두텁다. 식감이 쫄깃하여 '쫄쫄이'라고 부르기도 한다. 국을 끓이면 잘 풀어지지 않고, 무침을 해 먹으면 오돌오돌하니 씹는 재미가 있다.

몰은 '모자반의 부산말'로 우리나라에 30여 종이 자생하는 갈색 해조류다. 톳과 비슷한 모양으로, 향은 냉이처럼 향긋하고 어린 채소처럼 부드럽다. 주로 무침이나 국으로 먹고 밥 지을 때 함께 넣어 먹기도 한다.

현재 참모자반 등 6종이 식재료로 활용되고 있는데, 칼슘이 풍부해 골다공증 예방에도 좋고 당뇨병 등에도 유효하다. 칼로리가 낮아 다이어트나 피부미용에도 효과가 있다.

몰을 식재료로 한 대표적인 향토음식에는 제주의 '몸국'이 있다. '몸'은 모자반의 제주식 이름이다. 몸국은 돼지고기와 사골을 푹 곤 육수에 몰과 신김치를 넣고 메밀가루를 풀어 뻑뻑하게 끓여낸 제주 토속음식이다. 그 뒤를 잇는 음식이 기장의 '몰설치'가 아닐까 한다.

기장군농업기술센터에서 발간한 『기장의 향토음식』에 '설치'의 조리법을 자세히 소개하고 있는데, "부산 기장지역의 토속음식인 설치는 국물이 자작하게 있는 해조류를 이용한 나물로 시원한 맛이 있으며, 잔치나 행사에 빼놓을 수 없는 음식"으로 기록하고 있다.

미역설치는 "생미역과 삶은 콩나물을 양념(된장, 국간장, 다진 파, 마늘, 참기름)으로 무친 다음 콩나물 국물을 부은 것이다." 라고 소개한다.

만드는 방법은 우선 생미역을 숨이 죽을 때까지 주물러 씻어 5cm 길이로 자르고, 콩나물은 씻어 물기를 뺀다. 냄비에 콩나물,

물, 소금을 넣고 삶아 건져두고, 국물은 식힌다. 미역과 콩나물에 갖은 양념을 넣어 무친 후 콩나물 국물을 자작하게 부어 먹는다.

몰설치에 대해서는 "된장을 푼 멸치장국국물에 데친 모자반, 쌀뜨물에 삶은 콩나물을 넣고, 다진 파, 마늘, 참기름, 깨소금 등 양념과 함께 소금 간을 한 것이다. 고춧가루나 고추를 다져 넣기도 하고 식초를 넣기도 한다."라고 소개하고 있다. 식재료로는 모자반과 콩나물, 쌀뜨물, 멸치장국 국물(멸치 · 다시마 · 물), 된장, 다진 파와 마늘, 소금, 참기름, 깨소금 등을 준비한다.

조리법대로 '설치'를 만들어본다. 의외로 조리법이 간편하고 쉽다. 주부들에게는 손쉽게 뚝딱 만들어낼 수 있는 음식이겠다. 미역설치를 맛본다. 생미역의 신선한 향이 그대로 살아 있어 청량하다. 국물 한 술 뜬다. 된장을 푼 삼삼한 국물이 구수하게 입안으로 퍼져난다. 미역설치 한 젓가락 입에 넣는다. 이번에는 미역생채의 향긋한 해초 향과 콩나물의 아삭한 식감이 함께 어우러진다. 온몸으로 식욕을 돋게 하는 음식이다.

몰설치도 맛본다. 삼삼한 미역설치와는 달리 국물이 진하고 바다향이 물씬 난다. 푸르스름한 몰이 식욕을 자극한다. 설치 한 입 맛본다. 몰이 사각사각 씹히고, 콩나물도 아삭아삭하다. 미역설치와 몰설치를 번갈아 먹어본다. 숟가락 갈 때마다 흥미진진하고 젓가락 갈 데마다 흔쾌하다. 이러구러 번갈아 먹다 보면 질리지도 않고 밥 두어 그릇은 게눈 감추겠다.

기장사람들이 즐겨 먹었던 밥반찬이자 잔치음식인 설치, 우리 부산의 토속음식으로 해안지역의 음식문화를 제대로 반영하는 독특한 조리법의 음식이기도 하다. 해서 그 조리법을 자세히 기록해두고자 '표준조리법'을 인용해보았다. 이 방식대로 한 번쯤 요리해 먹어도 나쁘지 않을 듯싶다.

몰설치, 미역설치

잔칫상에 빠지지 않는
기장의 대표 음식

매집찜

예부터 우리나라는 공동체문화가 발달해, 이웃 대소사에 마을 사람들이 가족처럼 참여하는 아름다운 전통이 있었다. 특히 기쁜 날은 잔치를 열어 마을사람 모두가 축하하며 맛있는 음식을 함께 나누어 먹었다.

함께 음식을 나누어 먹는 사이를 '식구(食口)'라 했던가. 이렇게 잔칫상 앞에서는 기분 좋은 덕담이 오고 가고, 없던 인정마저 넉넉해진다. 때문에 잔칫상에는 그 지역의 귀한 식재료와 향토음식이 총망라된다. 그야말로 지역의 음식문화가 다채롭게 펼쳐지는 것이다.

지방별 대표적 잔치음식으로는 전라도의 홍어회, 경북의 돔배기 산적, 제주의 흑돼지수육과 몸국, 경남의 해물찜, 강원도의 오징어 순대 등이 있다. 그 외에도 참꼬막, 개복치, 올갱이, 문어, 갈비…. 등 수많은 식재료들이 잔치음식에 활용되고 있기도 하다.

부산에도 돼지수육이나 잡채, 파전, 생선회 등속이 빠지지 않는 잔치음식 중 하나다. 그중 기장지역은 아직까지 잔치 관련 전통이 남아 있어, 몇 가지 음식이 그나마 이어져 내려오고 있다.

매집찜과 기장우묵, 기장설치가 그들인데, 그중 매집찜은 기장의 전통향토요리로, 집안의 대소사나 잔치 등에 빠지지 않고 상에 오르는 대표음식 중 하나다.

얼핏 보기에는 다양한 나물에 전분과 들깨가루를 넣고 걸쭉하게 쪄낸 '나물찜'과 흡사한데, 청정바다를 끼고 있는 기장의 지리적 특성상 싱싱한 해산물이 넉넉하게 들어가는 것이 특징이라면 특징이겠다.

기장의 해산물과 나물이 총동원되어 들어가고, 바다 향이 물씬 나는 '떡청각(기장에서는 애지, 왜지라 부름)' 등 해초들까지 어우러져, 한 대접 푸짐하고 넉넉한 음식이 바로 '매집찜'이다.

매집찜에 들어가는 재료는 다양하고 무궁무진하다. 우선 나물류로는 콩나물, 고사리, 고구마줄기, 정구지, 방아, 죽순, 표고버섯 등이 있고, 떡청각, 미역, 톳, 몰, 서실 등 기장 특산 해초류, 삿갓조개, 밀고동, 소라, 대수리(맵딸, 맵쌀고동), 군소와 같은 해산물이 계절에 따라 식재료가 된다. 여기에 밀가루와 들깨가루를 넣고 걸쭉하게 조리하면 매집찜이 된다.

원래는 식량이 모자라 주위에 흔히 나는 남새와 바다에 지천인 고동, 따개비 같은 바위살이 해물과 해초 등을 한데 넣고 밀가루를 더해 끓여 먹었던 음식이다. 적은 곡식으로 양을 늘려 먹던 보릿고개 음식이었던 것. 때문에 식재료도 있으면 넣고 없으면 안 넣는 식이다.

이처럼 기장에는 매집찜처럼 바특하게 만든 음식으로 '국죽'과 '국찜'이 있다. 국물이 자작하게 있는 것이 국죽이고, 나물찜처럼 되직하게 만든 것이 국찜이다. 국죽은 원래 '나물이나 푸성귀를 넣어 끓인 죽'을 이르는 말인데, '국도 아니고 죽도 아닌 음식'이라 '국죽'이라 한단다. 기장에는 대변을 중심으로 '멸치국죽' 등이 이어져 내려오고 있다.

국죽보다 걸쭉한 음식을 '국찜'이라 하는데, 기장에서는 '붕장어 국찜'과 '고등어국찜' 그리고 '매집찜'이 있다. 기장에서는 '매집찜'을 줄여 '매집'이라 부르기도 한다. 기장사람들은 국이나 죽처럼 먹을 때는 '국죽'으로, 안주나 간식 삼아 먹을 때는 '국찜'으로 즐긴다.

매집찜을 취재하기 위해 수소문하다 보니, 기장 일광의 향토음식점 '뚱보식당'이 매집찜을 재현해준단다. 주인장 김미애 씨가 반가이 맞이한다. "기장에는 매집과 기장우묵 없으면 잔치 못하는 걸로 알아예. 전라도의 홍어회 같은 음식 아입니꺼." 주방에서 매집찜을 만들던 김 씨가 매집찜을 한마디로 정의한다.

"어릴 때 어무이가 자주 해주셨지예. 집에 있는 거섶과 고동, 따개비 넣고 슥슥 비비서 한 그릇씩 툭 던져주면 밥 삼아 간식 삼아 먹었다 아입니까. 기장사람들은 여럿이 어울릴 때면 이 매집찜을 앞에 놓고 막걸리 한 잔씩 곁들여 먹기도 하고예." 옆에 있던 이웃 최해모 씨가 말을 거든다.

주방에서 구수하고 향긋한 매집찜 냄새가 가득하다. 재료가 육지 것, 바다 것, 모조리 들어가기에 조리하다 보면 어느새 한 솥 가득해지는 음식이 매집찜이다. 그러하기에 가족이나 동네사람들이 함께 둘러앉아 먹는 음식일 수밖에 없겠다.

"매집은 철마다 들어가는 기 다릅니더. 그때그때 계절에 나오는 것 털어 넣고 만드니까 안 그렇습니꺼." 봄에는 햇고사리, 여름에는 방아, 가을에는 청각, 겨울에는 미역 등 각각의 계절 특산물이 들어가기에, 계절마다 각기 다른 맛으로 사뭇 재미난 음식인 것이다.

봄에는 싱그럽고 풋풋한 맛이, 여름에는 풍성하고 넉넉한 맛이, 가을에는 진하고 농후한 맛이, 겨울에는 바다 내음 그윽한 싱싱하고 상큼한 맛이 서로 어우러져 잔치를 이룬다. 게다가 기장의 싱싱한 해산물이 매집찜에도 넉넉하게 들어가 있어 든든한 한 끼 보양식으로도 부족함이 없다.

몇몇 지인들과 매집찜 한 그릇씩 받아 들고 맛을 본다. 후룹후룹 맛있는 소리를 내며 잘도 먹는다. "음~ 매집이 잘 됐네. 빽빽하이 찰지고~" "왜지(떡청각) 냄새도 좋~고, 들깨 향도 은은하이 제대로네." 모두들 한 술씩 뜨면서 시식 평들을 내놓는다.

매집찜 한 술 뜬다. 청각에서 나는 싱그러운 바다 냄새가 푸들푸들하다. 이어서 미역 향이 물씬 뒤따른다. 과연 해초 생산지 기장다운 '첫맛'이다. 계절 따라 서실, 몰, 미역, 톳, 다시마 등 제철 해초들도 총출동이다.

따개비와 맵쌀고둥은 쫄깃쫄깃, 밀고동은 부드럽다. 군소가 들어가면 쌉쌀한 맛이 입맛을 돋운다. 콩나물은 아삭하고 고사리는 구수하다. 정구지는 알싸하면서도 해초의 찬 성질을 따뜻하게 데워주기에 서로가 잘 어울린다. 밀가루가 들어가 부드럽고, 들깨가루 때문에 고소한 뒷맛 또한 좋다.

반찬으로 나온 돌미역을 멸치젓에 푹 찍어 먹으니 식감과 젓갈의 풍부함이 끝 갈 데 없다. 서실도 입안에서 잔물결처럼 살강거리고, 멸치김치와 갈치섞박지 또한 멸치젓국, 갈치젓갈의 구수함을 잔뜩 품었다. 붕장어조림 또한 매콤하고 짭조름하다.

이러구러 한 솥의 매집찜으로 여러 사람들이 배를 두드리며 밥상

기장의 싱싱한 식재료로 상을 차린 매집찜 차림
매집찜은 다양한 식재료가 들어가기에 조리를 하다보면 한솥이 된다.

에서 물러난다. 기장의 식재료들을 모두 맛본 것 같은 느낌이다. 그렇게 배불리 먹고도 반 이상 남은 매집찜을 김 씨는 이 사람 저 사람에게 한 대접씩 포장해 기어이 손에 들려준다. 훈훈한 인정이다.

어렵고 힘들었던 살림살이에도 마을사람끼리 함께 먹고 함께 나누던 기장음식, 매집찜. 기장의 음식문화사를 반영하고 있는 음식이지만, 그 자리를 점차 잃어가고 있는 음식이기도 하다. 그러하기에, 부가가치 높은 기장음식의 상업화 연구와 소비인구 저변확대에 더욱 관심을 가질 때이다.

싱싱한 비린내와
곰삭은 풍미

대변 멸치

'후드득 후드득.' 멸치가 튀어 오른다. 봄날, 기장 대변항의 오후. 항구의 멸치배 옆으로 한 무리의 어부들이 그물의 멸치를 털고 있다. 힘찬 후리질로 멸치를 후리는 것이다. 그물을 후릴 때마다 멸치가 하늘로 튀어 오른다. 봄 햇살에 은빛 비늘이 새파랗게 반짝인다.

기장 대변은 멸치의 고장이다. 전국 멸치 어획량의 약 60%를 차지하는 전국 최대 규모의 멸치젓갈 생산, 유통시장인 것이다. 때문에 대변에서는 다양한 멸치음식을 맛볼 수 있고, 깊고 구수한 맛의 멸치젓갈을 사시사철 구입할 수가 있다. 하여 전국적으로 '대변' 하면 '멸치', '멸치' 하면 '대변'이라는 공식이 성립되는 곳이다. 특히 젓갈용 '대멸(멸치 성어)'을 어획하기에 '멸치젓갈'의 메카이기도 하다.

대변의 멸치는 벚꽃 피는 4월에 대변 연안으로 몰려온다. 때문에 벚꽃이 피면 대변 앞바다의 멸치도 은빛 비늘 퍼덕이며 화들짝 피어오른다. 체장이 약 10~15cm 내외로 타 지역 멸치에 비해 크기가 크고 굵어, 주로 젓갈용, 횟감용, 음식 식재료 등으로 이용되고 있다.

매년 봄, 가을에 연근해 유자망 어선으로 주로 어획하는데, 위판되는 대변멸치의 연간 생산량은 약 3~4천 톤. 동해의 깊은 수심과 한류와 난류의 소통이 좋은 해역에서 생산되기에, 타 지역의 멸치보다 살이 단단하고 맛이 월등하다.

때문에 봄날에 대변 멸치음식 한 번쯤 안 먹어본 부산사람은 없을 게다. 싱싱한 생멸치를 장만하여 갖은 야채를 섞고, 온갖 양념으로 조물조물 버무려서 먹는 '멸치회', 얼큰하고 구수한 맛의 '멸치찌개', 고소한 살집을 발라먹는 재미가 쏠쏠한 '멸치구이' 등이 봄 입맛을 사정없이 자극하는 것이다.

대변항은 일제강점기 당시, 일본에서 이주한 일본인들에 의해 크게 축항되고 멸치산업도 발달하게 된다. 동해와 남해가 만나는 지점에 위치해 있어 동해를 드나드는 배들의 피난항으로 유명했으며, 경상남도 주요 10개 항에 속하기도 했다. 1932년에는 길이 180m의 방파제를 수축하는 등 일정 규모의 근대항만 시설을 갖추게 된다.

1910년 발행된 『한국수산지』와 1942년에 간행된 『조선어업조합요람』에는 일본에서 이주해 온 어민들이 조기, 갈치, 청어, 복어와 함께 멸치를 잡았다고 기록하면서, 기장에서 잡힌 주요 어류로 정어리와 멸치를 소개하고 있다.

부산에서는 '멜치, 메루치, 메르치' 등으로 불리는 멸치는 주로 말리거나 염장하여 육수를 내고, 젓갈을 담아 먹는다. 특히 통영을 중심으로 멸치를 잡자마자 솥에 끓이고 햇볕에 말려 저장하는 방식은 일본인들에 의해 전래되었다.

일본에서는 이렇게 말린 멸치와 같이 생선으로 육수를 내는 것을 '니보시(煮干し)'라고 하는데, 일제강점기를 거치면서 우리나라에서도 이 방식의 음식들이 정착하게 된 것이다. 이전까지 조선에서는 멸치를 주로 염장해서 젓갈을 담았다고 기술하고 있다.

멸치회
멸치구이, 멸치찌개

『자산어보』에 생멸치로 국을 끓여 먹었다는 글이 있기는 하나, 요즘처럼 말린 멸치로 육수를 내는 방식과는 상이하다. 말리는 방식도 잡은 멸치를 배를 따고 일일이 펴서 말린 것으로 전해지고 있다. 지금도 대변에는 그런 방식으로 멸치를 말리는 아낙들이 눈에 띈다. 이렇게 말린 멸치를 굽거나 찌개로 만들어 별미로 즐기는 것이다.

현재 대변항에는 멸치회와 멸치찌개, 멸치구이 등을 파는 멸치 음식전문점들과 멸치젓갈 상점들이 집단을 이루고 있다. 멸치 중에도 산란 전의 봄멸치가 제일 맛이 좋은데, 그중에서도 4~5월이 제철이다.

그래서 이맘때 대변항에는 싱싱한 멸치 비린내와 멸치젓 곰삭는 냄새로 활기차다. 특히 매년 4월 열리는 대변멸치축제를 보려고 전국에서 관광객이 모여드는 통에 장사진을 이루는 곳이 바로 '멸치항구' 대변항이다. 멸치축제가 있는 대변항은 말 그대로 멸치로 파시를 이룬다. 멀리 통영에서까지 몰려온 멸치잡이 배들로 대변 앞바다는 불야성을 이루고, 전국 각지에서 몰려든 멸치관광객으로 골목이 왁자지껄하다.

멸치 전문 음식점에서 '멸치회' 한 접시 시킨다. 싱싱한 생멸치를 장만하여 갖은 야채를 섞고, 온갖 양념으로 조물조물 버무려서 먹는 멸치회는 봄을 알리는 갯것 음식 중 최고 반열 중 하나이다.

상추에 멸치회와 회초장 버무린 야채 가득 올리고, 땡초 하나, 마늘 한 조각 올려 한입 크게 싸 먹는다. 멸치의 비릿한 회 맛과 미나리, 깻잎 등 온갖 야채의 싱그럽고 향긋한 풋내, 또 회초장의 새콤달콤한 맛이 서로 어울려서 온 입안이 봄맞이 하듯 파릇파릇해진다. 입안으로 봄 바다가 출렁이고, 봄바람이 살랑인다. 멸치 떼가 이리저리 튀어 오르고, 온갖 야채들이 상쾌한 봄노래를 부른다. 아~ 봄은 이렇게 오는 것이다.

멸치회와 함께 대변의 멸치음식으로 쌍벽을 이루고 있는 것이 멸치찌개이다. 멸치찌개는 시원하고 구수하고, 얼큰하고, 걸쭉하고… 참 다양한 맛을 내는 음식이다. 우선 멸치육수에 토속된장을 풀고, 부드러운 시래기와 싱싱한 통멸치, 대파, 고춧가루를 얹어 보글보글 끓여낸다.

얼큰하고 시원하게 먹으려면 땡초를 넉넉하게 넣어 해장국으로 즐길 수도 있다. 특히 찌개 위에 방아 잎을 넉넉하게 올려두기에 향긋한 방아 향이 물씬 돌아, 부산 사람 입맛을 더욱 다시게 한다.

찌개 속 멸치가 수북하다. 한입 맛본다. 멸치의 보드라운 살이 입안에서 파닥이는 것 같다. 그 맛이 짭조름하면서도 구수한 게 그저 그만이다. 다시마나 상추에 쌈을 싸 멸치젓갈과 함께 곁들이면, 이 또한 기껍다. 밥 한 술에 우거지 한 줄 꺼내 먹는 재미도 무시할 수 없겠고, 남은 멸치찌개 국물에 밥 한 술 쓱쓱 비벼 먹어도 아주 흔쾌하다.

또한 대변에서만 맛볼 수 있는 멸치음식 중에는 숯불에 고소하게 구워내는 멸치구이가 있다. 특히 멸치축제 때는 굵직한 멸치를 포구 곳곳에서 석쇠로 구워 먹느라 난리가 난다. 멸치처럼 작은 생선을 어떻게 구워 먹겠나 싶겠지만, 숯불에 은근하게 구워 먹으면 그 고소함은 어디에 내놓더라도 손색이 없다. 원래 고등어, 꽁치, 삼치처럼 등푸른생선은 살 속에 기름이 많아 구워놓으면 부드럽고 고소하다. 멸치도 예외가 아니다. 다만 살이 좀 더 부드럽고 발라 먹는 재미가 더욱 쏠쏠하다는 것이 특징이라면 특징이겠다.

세월을 곰삭힌 멸치젓갈은 또 어떠한가? 상추쌈에 멸치 젓갈 한 점 얹었을 뿐인데, 누구에게도 주기 싫은 귀한 밥상이 되는 것이 멸치젓갈 밥상이다. 예부터 대변항에서는 팔고 남은 멸치를 오래 보관하기 위하여 자체 염장법이 발달했는데, 그 시절의 젓갈 담는 비법이 오늘날에 이어져 맛이 깊은 멸치젓을 생산해오고 있는 것이다.

이렇듯 대변항은 멸치의 싱싱함과 곰삭음이 서로 어울리고 상호 보완되는 곳이다. 잘 곰삭으려면 세월의 더께가 묵직하면서도, 싱싱함이 빛을 발해야 맛의 깊이도 더해지는 법이다. 때문에 대변항은 싱싱함과 곰삭음이 공존하는, 인생의 모든 맛을 한꺼번에 느낄 수 있는 곳이다. 우리 부산, 부산사람을 닮은 역동적인 포구인 것이다.

멸치 말리기, 멸치젓

힘이 불끈불끈

바다의 보양 식재료

붕장어

우당탕탕~! 고무대야에 옮겨진 붕장어가 역발산(力拔山)의 기개로 거칠게 몸을 뒤튼다. 맨손으로 잡으려 하자 분기탱천하며 제 몸을 꼿꼿이 세우고 저항을 한다. 한바탕의 실랑이 끝에 횟감으로 장만하기는 했지만, 그 힘이 여간 좋은 것이 아니다. 그래서일까? 동서고금을 통해 '장어류'를 '남성의 상징'으로 여기는 것도 우연은 아닐 듯싶다.

어류 중 몸이 긴 어종을 흔히 장어(長魚)라고 부른다. 말 그대로 몸이 뱀처럼 긴 물고기이다. 그 장어 종류에는 주로 민물에 서식하는 '뱀장어'를 중심으로, 일명 '아나고(穴子)'라 불리는 '붕장어', '하모'로 불리며 '개처럼 문다'고 이름 붙여진 '갯장어', 술안주로 좋은 '꼼장어'의 식재료인 '먹장어', 바다의 거머리 '칠성장어' 등이 있다. 이 대부분이 남성성을 상징하며 자양강장 음식으로 널리 이용되는 식재료들이다.

그중에서도 비교적 값이 싸고 여름철 보양식으로 손꼽히는 것이 '붕장어'이다. 바다에서 나는 장어라 해서 '바닷장어'라고 불리기도 한다. 부산에서는 일본음식문화의 영향으로 '아나고'라 부르는데, "모래 등 해저의 땅속에 구멍을 뚫고 들어가서 사는 물고기"라고 '구멍 혈(穴)' 자를 붙인 일본말 아나고(あなご)를 그대로 쓰고 있는 셈이다.

『자산어보(玆山魚譜)』에는 "바다의 뱀장어"라 하여 '해대려(海大鱺)'라 기록하고 있다. 속명으로는 "활처럼 생겼다" 하여 '붕장어(弸張魚)'라고 기술하고 있다. 더불어 "맛이 좋다"고 적고 있는데, 문헌에 의하면 오랫동안 크게 즐기지는 않았던 것 같다.

1908년에 간행된 『한국수산지(韓國水産誌)』 제1집에 의하면, "붕장어는 우리나라 전 연안 특히 남해안에서 많이 생산되는데 일부러 잡지는 않았다."고 기록하고 있다. 주로 일본인들이 우리 해역에서 어획해 그 대부분을 소비한 것으로 알려져 있는데, 일제강점기를 지나며 그 효능과 요리법이 전래되면서 오늘날 주요 식재료로 이르고 있다.

『동의보감』에는 "붕장어는 영양실조와 허약 체질에 좋고 각종 상처를 치료하는 데도 효과가 있다."고 기술하고 있다. 일본 고대 의약서적에는 "붕장어는 밤의 귀족으로 스태미나 향상에 최고."라는 내용을 기록할 정도다.

붕장어는 우리나라 서남해안을 중심으로 어획되는데, 특히 기장 앞바다는 한류와 난류가 만나는 곳으로 물살이 세기에 옛날부터 붕장어의 주요 생산지였다. 부산의 붕장어 어선은 거의가 이곳에서 출항했을 정도이다.

현재 60여 척의 붕장어 배들이 어획을 하고 있는데, 가을 생산량만 해도 200~300t에 이른다고 한다. 붕장어는 큰 놈은 통발어업으로, 작은 놈은 연승(주낚)어업으로 어획을 하는데, 기장은 이 모두를 활용할 정도로 붕장어 어업이 성한 곳이기도 하다. 주로 큰 놈은 구이용으로, 작은 놈은 횟감용으로 활용한다.

특히 칠암은 전국적으로도 유명한 '칠암붕장어'라는 지역음식 브랜드의 발상지이기도 하다. 주로 60~70cm쯤 되는 놈들을 어획하기에 육질이 적당히 단단하면서도 부드럽다. 그래서 씹을수록 고소하고 단맛이 돌아 오래전부터 횟감이나 구이용으로 큰 인기를 누렸다.

이 붕장어는 특히 여름철 보양식으로 즐겨 먹는데, 단백질과 불포화지방산이 풍부해 성장기 아이들이나 몸이 허한 노약자들에게 유효한 음식일 뿐더러, 부부금슬이 좋아지는 음식이라 남성들에게도 아주 솔깃한 음식이기도 하다. 붕장어 꼬리를 먹으면 '정력이 강해진다.'는 등의 속설 또한 이를 부추기고 있을 정도다.

부산에서는 이 붕장어를 다양한 음식으로 조리해 먹는데, 특히 회와 구이, 탕 등의 음식이 인기가 높다. 회는 그 맛이 달고 고소해 처음 회를 입문하는 사람들에게는 안성맞춤의 음식이기도 하다. 붕장어가 살이 오르는 여름철에는 장어구이가 맛으로나 영양가로나 최고의 음식이다. 그 외에도 구수하고 시원한 국물의 장어매운탕도 좋고, 추어탕식 장어탕도 아주 괜찮다.

부산에서는 주로 기장지역이 '붕장어촌'으로 집단화되어 있는데, 그중 붕장어회는 기장 '칠암마을', 붕장어구이는 '월전마을'이 유명하다. 칠암은 붕장어회를 먹을 수 있는 횟집만도 40여 곳에 이를 정도이다.

특히 이곳의 붕장어는 중간 크기의 것을 사용하기 때문에, 적당히 고소하고 기름지지 않아 누구라도 맛있게 먹을 수 있다. 게다가 다른 지역과 달리 붕장어를 얇게 저미듯 썰어 물기를 충분히 빼기 때문에, 하얀 쌀밥을 얹어놓은 것처럼 고슬고슬하고 후~ 불면 날아갈 듯 부드럽다. '기장 털털이회'라고 불리는 조리방식이다.

붕장어회는 다른 생선회와 달리 초고추장과 가장 잘 어울린다. 거기에다 상추나 깻잎 등 야채에 땡초와 마늘 등속을 얹어 쌈을 싸서 먹으면 금상첨화다.

붕장어구이로 유명한 기장 월전마을은 마을 전체가 '붕장어구이 동네'를 이루고 있는 곳이다. 이곳에서는 구이용으로 장만한 두툼한 장어를 석쇠에 구워서 먹는다. 석쇠에 자글자글 구운 붕장어는 다양한 방법으로 맛을 볼 수 있는데, 기름장에 살짝 찍어 먹어도 좋고, 매콤한 양념을 발라 재차 구워 먹어도 좋다.

부산사람들은 주로 그들의 기질처럼 벌겋고 매운 양념에 구워 먹는 것을 선호한다. 깻잎이나 상추에 붕장어 한두 점 올리고 마늘,땡초 등을 넉넉히 올린 다음 크게 한 입 털어 넣으면 고소함과 향기로움, 맵싸함이 서로 어우러지며 맛의 정점을 찍는다.

붕장어회와 곁들이면 더욱 좋은 '붕장어매운탕'은 의외로 삼삼하면서도 담백하다. 떠먹을수록 깊은 우물처럼 그 시원함이 끝이 없

다. 전날 과음한 이들의 숙취해소에도 그저 그만이겠다.

기장 특산 '말미잘매운탕'도 기장 붕장어 음식 중 하나. 말미잘과 붕장어를 함께 넣고 얼큰하게 끓인 음식으로, 밤새 곤 붕장어 뼈 육수에 된장, 고춧가루를 풀고, 두툼하게 토막 낸 붕장어와 말미잘을 넣고 팔팔 끓여낸다. 기장사람들이 '여름철 대표 보양식'으로 널리 먹는 음식이다.

부산 특산음식 중에 '붕장어추어탕'이 있다. 미꾸라지보다 저렴한 붕장어를 추어탕식 조리법으로 끓여 먹던 음식이다. 땀 뻘뻘 흘리며 훌훌 들이켜듯 한 그릇 비우고 나면 온몸이 가뿐해지고 더위가 가신다.

염천의 여름 날씨가 한풀 꺾이며 가을이 다가오는 계절에는 슬슬 기장 붕장어 맛이 깊어진다. 남녀노소는 물론 생선을 즐기지 않는 사람들도 맛있게 먹을 수 있는 어족, 붕장어. 우리 지역의 어종이기에 더욱 '공감의 맛'이 짙은 식재료이다.

철마한우

입안에서 피어나는 선홍빛 꽃잎

인간에게 있어 궁극의 동물단백질을 꼽으라면 동서고금을 막론하고 소고기가 단연 첫 번째일 것이다. 풍부한 육즙과 각양각색으로 씹히는 식감, 36~39가지로 분류되는 다양한 부위마다의 깊고 그윽한 풍미…. 이렇게 다양한 부위에서 오는 치밀한 밀도의 맛들이 사람의 미각을 자극하다 못해 희롱을 하는 것이다.

소는 인간에게 있어 오래된 가축으로, 농업에서는 노동력을, 목축업에서는 우유와 치즈, 고기를 제공하는 중요하고도 든든한 존재였다. 특히 쌀을 주식으로, 농업을 주업으로 했던 우리나라는 소에 대한 의존도가 여느 국가보다 높았다. 하여 소의 보유 두수(頭數)와 도살 등 관리감독을 국가에서 직접 챙겼을 정도였다.

농경국가였던 우리나라에 있어 소는 집안의 재산 제1호이면서 또 하나의 식구였고 농업노동력의 대부분을 의존했던 가축이었다. 그러하기에 소는 집안의 대소사나 귀한 사람의 접대 등 특별한 때에나 식재료로 활용을 했었다. 그것도 사전에 국가의 허가하에서만 도축이 가능했을 정도였다.

우리나라 소는 예부터 농우(農牛)로 활용했기에, 지방이 적당하고 육질이 좋았다. 때문에 일제강점기 때는 많은 수의 '조선소'가 일본으로 무차별 차출되기도 했다. 세계 최고의 육질과 마블링을 자랑하는 일본 '와규'도 우리의 '안동칡소', '제주 소' 등과 교배를 해 탄생했다는 말이 있을 정도다. 지금은 횡성, 장흥, 안동, 제주… 등 국내 여러 지역에서 다양하고 독특한 방법으로 양질의 소를 생산하고 있다.

이렇게 양질의 우리 한우를 맛볼 수 있는 곳이 부산에도 존재하는데, 바로 기장 철마의 '철마한우타운'이다. 철마에서 한우음식을 취급하게 된 것은 1970년대 초반. 원래 철마는 오래전부터 논농사와 축산업을 함께 겸했던 지역이었다.

현재 철마는 환경보호지역이라 소를 키울 수 없기에, 오히려 전국의 우수한 소를 엄선하여 소비자들에게 제공함으로써 전국적으로 유명세를 타고 있다. 현재는 45여 개 전후의 한우전문식당이 영업을 하고 있는 부산 최대의 한우타운을 형성하고 있다.

철마한우는 주로 580~600kg 이상 되는 큰 소를 잡는데, 큰 소가 풍성한 풍미와 함께 깊은 맛을 내기 때문이다. 특히 철마는 소고기 본연의 맛을 가장 잘 표현한다는 '소금구이'를 전문적으로 취급하며, 대부분 40~50개월 전후의 암소를 사용한다. 황소는 식감이 질기고, 거세 소는 맛이 싱겁다. 이에 비해 암소는 고기 맛이 농밀하고 육즙이 구수하기에 그렇다.

한우는 대략 36가지 부위로 세분되는데, 부위별로 맛이 달라 각양각색 '맛의 향연'을 펼쳐내는 음식이다. 뿐만 아니라 같은 부위라도 미각의 차이가 오묘해, 미식가들에게는 '미각 탐험의 성지'로 꼽히기도 한다.

철마에서 먹을 수 있는 부위는 갈비살, 등심, 꽃살 등이 대표적이다. 살치살, 안거미, 안창살 등 특수부위는 소고기의 또 다른 특별한 맛을 지니고 있기에 귀한 대접을 받는다. 특히 한우 한 마리당 1kg 미만의 희소성과 다양한 맛의 음미가 가능해 식도락가들 사이에서도 인기가 높다.

철마에서 한우식당을 하는 지인이 소개한 쇠고기는 모두 4가지 부위로 살치살, 안거미, 등심, 꽃살이다. 살치살은 소의 3~6번 등뼈 쪽 등심과 갈비의 중간살이다. 연붉은 고기 위에 하얀 마블링이 '맛의 길'을 내듯 얽혀 있다. 소고기 부위 중 최고의 반열로 손꼽힌다.

안거미는 소의 간 밑에 붙어 있는 '토시살'을 말한다. 속칭 '간바지'로 불리기도 한다. 저지방 고단백이라 식감이 쫄깃하고 담백해 미식가들이 즐겨 찾는 부위 중 하나이다. 꽃살은 목심 근처의 갈비살로 '꽃갈비'라 불리는 부위. 붉은 살 위에 하얗게 '꽃'이 핀 것 같다고 해서 '꽃살'로 불린다.

접시 위의 선홍빛 소고기가 마치 한 떨기 꽃잎과도 같다. 그 꽃잎 위에는 하얀 마블링이 눈꽃처럼 내려앉았다. 소고기를 부위별로 굽는다. "치지직, 치지직~" 고기 익는 소리가 소나기 내리듯 수런거린다. 열기가 더해지자 고기 위로 육즙이 빨갛게 맺히기 시작한다. 마치 붉디붉은 꽃망울이 피는 듯하다.

아~ 꽃이 핀다. 붉디붉은 꽃봉오리가 벙근다. 꽃 중에서도 가장 농염한 꽃, 홍매화가 한 송이씩 방울방울 톡톡 터지는 것이다. 불판 위에서 "난분분~ 난분분~" 대며 사람들 애간장을 절절하게 녹이고 있다. 고기 익는 모습이 이토록 아름답고 그윽할 수가 있을까?

곧바로 한 점 입에 넣는다. 풍성하다. 현란하다. 현란하다 못해 화려하고 풍만한 구수함이 끝 갈 데 없다. 겉은 바싹한데 안은 부드

안거미와 등심, 소고기는 강한 불에 재빨리 구워야 겉은 바싹하면서 안은 육즙이 풍부해진다.
살치살과 꽃살, 철마한우 한상(다양한 부위의 소고기와 육회, 횟간 등으로 차려졌다.)

럽게 씹힌다. 곧바로 육즙이 입안 가득 폭발하듯 터져 오른다. 음식 본연의 '궁극의 맛'이 이런 것일까? 오래도록 기꺼움이 입안에서 돌고 또 돈다.

'꽃살'을 한입 먹는다. 고소하면서도 쫀득한 식감이 그저 그만이다. 고소하면서도 식감을 유지하기란 쉽지가 않은데, 나무랄 데 없이 그 두 가지를 가지고 있다. 등심은 각기 다른 다양한 맛을 즐길 수 있어서 좋다. 씹으면 씹을수록 고소하면서도 입안에 머무는 고깃살들이 부드럽게 혀를 희롱한다.

고기와 곁들이라고 내온 장아찌도 제맛이다. 울릉도에서 공수한 명이나물과 여수 돌산갓, 지리산의 목이버섯, 능이버섯 등으로 담았는데, 그 맛 하나하나에 정성이 엿보인다. 김치와 콩잎장아찌는 직접 밭에서 농산물을 경작하여 손님상에 낸단다.

기장 앞바다에서 잡은 갈치 새끼를 볶아 만든 풀치볶음도 독특한 입 가심 반찬으로 손색이 없다. 된장국에는 소 힘줄(스지)이 듬뿍 들어가 있어 구수하면서도 맛이 진하다. 담백한 두부와 어우러지며 조화를 이룬다. 그저 흐뭇한 상차림이다.

부른 배를 두드리며 느긋하게 앉아 장전천 들녘을 바라본다. 들녘에서 불어오는 소슬한 바람이 그렇게 상쾌할 수가 없다. 그러고 보니 이 들녘에서 부산의 대표축제 중 하나인 '철마한우불고기축제'가 매년 열리기도 한다. 가족과 풍성한 가을나들이로도 참 좋을 발걸음이겠다.

영양가 높은
추억의 구황음식

먹장어

대한민국 포장마차의 대표 술안주 '꼼장어.' 쫄깃쫄깃하면서도 오돌오돌한 식감에, 고소하고도 달큰한 맛이 일품인 '꼼장어'는 원래 '먹장어'란 학명을 가진 어류이다. 먹장어는 깊은 바다의 해저에서 주로 서식하기에, 눈이 퇴화해 '눈 먼 장어'라고 해서 그 이름이 붙었다.

죽은 물고기 등 사체의 유기물을 빨아 먹고 살기에 '바다의 청소부'라고 불리기도 하는데, 먹이 없이도 2개월을 버티고, 껍질이 벗겨진 채로 10여 시간을 꼼지락대며 견디는 강인한 생명력을 가졌다. 그렇게 '끊임없이 꼼지락댄다.'고 '꼼장어'란 별칭이 붙기도 했다.

부산은 이 '먹장어'와 친숙한 지역이다. 부산 동부 기장해역이 '먹장어 서식지'이기도 하거니와 전국의 '먹장어'는 거의 부산에서 생산, 유통된다. '먹장어'로 만든 다양한 음식이 발달해 있고, 한때 수출산업으로 각광받던 '먹장어 가죽'의 주생산지이기도 하기에 그렇다.

그리고 부산은 이 먹장어를 최초로 '음식화'한 지역이기도 하다. 원래 먹장어는 식용으로 활용되지 않았다. 부산에 먹장어 식용문화가 번진 것은 일제강점기 자갈치시장 인근에 먹장어 피혁공장이 있었기 때문으로 보인다. 일본인들은 가죽이 부드럽고 질긴 부산의 먹장어를 이용해 그 가죽으로 나막신 끈과 모자 테 등을 만들었다. 때문에 그 당시 먹장어의 가치는 껍질에 있었다.

이후 해방공간과 한국전쟁 당시 많은 이주민들이 자갈치시장을 중심으로 생활터전을 일구게 되는데, 그 시절 버려지는 먹장어를 구워서 먹거나 이를 파는 난전이 하나둘 생겨나기 시작한다. 가격에 비해 영양가가 높고 맛이 좋은 '먹장어'는 피난민들의 구황음식으로 상당한 인기가 있었다.

이와 더불어 기장지역에서도 오래전부터 보릿고개 시절, 이 먹장어를 산 채로 짚불에 구워 허기를 메웠다. 먹장어 세 마리면 하루종일 배가 안 고팠을 정도로 구황음식의 역할을 톡톡히 했던 것. 물론 지금 부산의 대표상품인 '자갈치꼼장어'와는 다른 방식으로 상업화되었지만, 조리방식의 원형이 부산에만 남아 있는 독특한 부산의 향토음식인 것이다.

이렇듯 부산의 먹장어는 한국전쟁 당시 자갈치에서 시작된 '부산자갈치꼼장어'와 기장 해안마을에서 춘궁기 구황식품으로 먹던 '기장짚불꼼장어'로 대별되면서 서로 다른 모습으로 발전해왔다.

하여 부산에는 집단화된 먹장어 음식점들이 많다. 자갈치시장에 100여 집이 현재 성황을 이루고 있고, 1970년대 이후부터는 부전역 부근과 동래시장, 온천장 등에 집단화되었다. 이 모두가 '동해남부선 철길'이 '먹장어 유통루트'였음을 보여준다.

먹장어의 주생산지였던 기장에서 철길을 타고 부산 전역으로 먹장어가 유통된 것이다. 어떻게 보면 '재첩국 아지매'들에 의해 부산 전역으로 퍼져나간 재첩국과 더불어 '부산 로컬푸드의 영역확대'에 지대한 역할을 담당했던 향토음식이라 할 수가 있겠다.

싸고 양 많고 영양가 높은 음식이었기에 누구나 즐겨 먹었던 '꼼

꼼장어묵
꼼장어껍질구이, 먹장어

장어구이.' 그러나 이도 먹을 수 없었던 사람들은 먹장어 부산물로 다양한 음식을 만들어 먹기 시작했는데, 그 대표적인 음식이 '꼼장어묵'과 '꼼장어껍질구이' 등이다.

특히 '꼼장어묵'은 먹장어를 손질 후 버려지던 껍질과 내장, 알집 등 부산물을 수거해, 솥에 넣고 은근한 불로 오랜 시간 푹 고듯 삶아서 만들어 내는 음식이다. 시간이 지나면 껍질 속에 다량 함유된 젤라틴 성분이 걸쭉해지는데, 이를 식히면 탱글탱글한 묵 형태의 '꼼장어묵'이 탄생하는 것이다.

이 꼼장어묵은 쫄깃하면서도 부드러운 식감에다 씹을수록 고소한 맛이 느껴지는 것이 또 다른 별미로, 한번 맛보게 되면 은근하게 그 맛에 매료되어 찾게 되는 '서민음식'이자 개인적으로는 어린 시절 '추억의 음식'이기도 하다. '꼼장어껍질구이' 또한 먹장어 부산물을 얻어다 불에 올려 소금 솔솔 뿌려서 구워 먹었던 기억이 새록새록 하다.

초등학교 시절, 학교 앞에 꼭 하나씩은 있던 불량식품 가게에서 먹던 '꼼장어묵.' 주사위처럼 깍둑 썬 꼼장어묵을 중국집 단무지 접시에 담아 1~2원에 팔았었다. 철사꼬치로 한 점 콕 찍어 초장에 찍어 먹으면, 진저리 쳐질 정도의 고소함이 입안 가득 돌고 돌았다.

그러나 서민음식 '꼼장어묵'도 1970년대 중반부터 갑자기 사라진다. 1970년대 들어 '먹장어 가죽산업'이 활기를 띠기 시작하면서부터다. 세계에서 유일하게 우리나라에서만 고급피혁의 원재료로 생산되던 '먹장어 가죽(EEL-SKIN)'이 각광받기 시작한 것이다. 촉감이 부드럽고 질겨 고급지갑, 핸드백 등 '고급피혁제품의 원재료'로 널리 사랑을 받았었다.

1980년대에는 원피 600만 달러, 제품 260만 달러로 연간 평균 1천만 달러를 수출할 정도였으니, 당시 '수출산업의 역군'으로 그 활약이 얼마나 대단했었는지 쉬 알 수 가있다. 하여 한때 자갈치 물양장에는 하루 종일 먹장어껍질을 박피하느라 분주한 자갈치아지매들의 현란한 손놀림을 볼 수가 있었다.

현재 자갈치시장 내 몇몇 곳이 '꼼장어묵'을 만들어내고 있다. 자갈치아지매 좌판에서도 싼 가격에 구입할 수가 있고, '꼼장어묵'과 상어고기 부산물인 '두투', '개복치' 등을 한데 섞어 소주와 파는 시장입구 노점에서도 쉬 먹을 수 있다. 만 원 남짓이면 한 접시를 준다.

이 '꼼장어묵'을 코스요리에 포함시켜 선보이는 식당에서 꼼장어묵 요리를 맛본다. '꼼장어묵'과 '꼼장어묵무침'이 그것이다. 우선 '꼼장어묵.' 마치 알록달록한 군복처럼 초록색 색감이 돈다.

회초장에 찍어 한입 먹어본다. 고소하다. 고소하다 못해 비릴 정도다. 그 과한 고소함을 생강편이 잡아준다. 양파 슬라이스와 갖은 야채 등을 함께 곁들여 먹으니 아삭거리는 식감이 고소한 꼼장어묵과 어우러지면서, 상큼하면서도 구수함이 함께 어울린다. 살짝 가미된 유자 향은 고급스런 요리의 풍미를 선사해준다.

'꼼장어묵무침'은 '꼼장어묵'에다 상추, 무채, 양파, 깻잎, 방아, 청량초 등 갖은 채소를 넣고 회초장에 잘 버무려 먹는 회초장 샐러드이다. 새콤달콤해 보이는 게 입에 침이 고일 정도다.

빙초산을 넣은 초장에 버무린 '꼼장어묵무침'은 고소함에 새콤한 맛이 배가 돼, 먹을수록 입안이 상쾌해진다. 청량초가 씹힐 때는 알싸함이, 깻잎이 씹힐 때는 향긋함이 혀끝을 자극한다. 한 톨의 깨소금이 씹히면 요리에 방점을 찍듯 고소함이 터져난다. 통후추를 뿌려 먹으니 알싸한 후추 향에 또 다른 격조의 고급스러움이 느껴진다.

수정시장 뒤 장어전문점에서 '꼼장어 소금구이'를 주문하면서 '쓸개주'를 부탁했다. 예부터 장어의 쓸개는 '바다의 웅담'이라고 했다. 때문에 식도락가들은 소주에 쓸개즙을 타서 쓸개주를 만들어 먹기도 한다. 쓸개주는 먹장어를 활어로 직접 장만하는 가게에서 특별히 부탁하면 맛볼 수 있다.

먹장어 쓸개 하나에 소주 한 잔 희석시키니, 연초록 색깔이 영롱하게 아름답다. 한 모금 음미해본다. 우선 소주 특유의 냄새가 잦아진다. 그리고 상쾌하면서도 쌉쌀한 맛이 입안으로 감돈다. 몇 잔의 '쓸개주'는 애피타이저처럼 식욕을 돋우고 입맛을 개운하게 다셔주는 역할을 한다. 쓸개 양이 너무 많으면 쓰므로 유의해야 한다.

'먹장어껍질'도 구워 맛을 본다. '꼼장어'를 좋아하는 마니아는 꼭 껍질을 장만해 달라고 해서 구워 먹는다. 껍질과 알집 등을 호일에 싸 구우면 젤라틴이 풍부해 꼼장어묵처럼 된다. 부드러운 식감에 고소함이 색다른 맛을 제공해준다. 참기름장에 콕 찍어 먹으니 더없이 짭조름하고 구수하다. 알집도 꼬들꼬들하면서 씹을 때마다 알이 톡톡 터지는 게 재미있다.

피란지 부산이 음식으로서의 시발지(始發地)였던 '꼼장어 요리.' 서럽고도 배고픈 시절, 끼니를 속이기 위해 먹어왔던 음식이었기에, 먹는 이들마다 아련해지는 추억의 무게가 가볍지 않다. 때문에 지금 부산의 중년들은 무한한 사랑과 그리움의 말들로 이 '꼼장어'를 추억하고 또 즐겨 맛을 보는 것이다.

말똥처럼 생겼지만
최고급 '바다의 에피타이저'

앙장구

부산의 해안가를 거닐다 보면 해녀들이 집단으로 해산물을 파는 '해녀촌'이 더러 있다. 기장 칠암, 대변, 연화리로 이어진 해녀촌은 송정에서 민락동, 용호동, 영도 일대를 거쳐 송도, 다대포, 가덕도 세바지에 이르기까지 넓게 분포해 있다.

'해녀촌' 좌판에는 부산바다에서 나는 해산물들이 종류별로 넉넉하고 풍성하게 펼쳐진다. 멍게, 해삼을 비롯해 문어, 낙지, 군소, 소라 등속이 싱싱하다. 특히 겨울철에는 주황빛이 도는 노란 알을 접시에 담아 놓고 파는 모습을 볼 수가 있는데, 바로 '앙장구 알'이다.

'앙장구'는 '말똥성게'의 부산지역 '탯말'이다. 부산사람들에게 아주 친숙한 종류의 성게로, 한때 어느 해안가라도 썰물 뒤의 바위를 뒤지면 쉽게 채취하여 그 맛을 볼 수가 있었다.

말똥성게

성게는 얼핏 보면 밤송이와 흡사한 모양을 가지고 있다. 온몸에 가시를 두르고, 주로 얕은 바다 암초 지대나 해초들 사이에서 서식하는데, 우리나라에서는 30여 종이 있다. 그중 개체 수가 많고 맛이 좋아 식용하는 성게로는 '보라성게, 둥근성게, 말똥성게, 북쪽말똥성게' 등이 대표적이다.

'보라성게'와 '둥근성게'는 둥글고 가시가 길어 밤송이처럼 생겼다. '말똥성게'와 '북쪽말똥성게'는 가시가 짧고 말똥처럼 펑퍼짐하게 생겼다. 하여 정약전의 『자산어보』에서는 '보라성게' 등을 '율구합(栗毬蛤, 밤송이처럼 둥글게 가시가 난 조개)'이라 하였고, '말똥성게' 등을 '승률구(僧栗毬, 중머리처럼 짧은 가시의 밤송이 조개)'라 기술하고 있다.

우리가 식용을 하는 부분은 성게의 생식소로, 흔히 '성게 알'이라 부른다. 일본에는 '우니(うに)'라 하고, 중국에는 운단(雲丹)이라 한다. '보라성게 알'은 주로 옅은 노란색을 띠고 맛이 달고 부드러우며, '말똥성게 알'은 주황색을 띠고 맛이 진하고 쌉싸래하면서 고소하다. 성게 알은 정성에 비해 양이 적어, 고급요리의 재료로 귀하게 쓰이는데, 날것으로 술안주를 하기도 하고, 다양한 요리로도 활용을 한다.

기장군 연화리 해녀촌. 해녀들이 오전 물질을 하고 난 오후, 무료한 시간에 앙장구를 까고 있다. 그 모습을 유심히 쳐다보고 있자니 늙은 해녀가 "와? 신기한교?" 하며 앙장구 장만 법을 알려준다.

"앙장구를 도마에 놓고 칼로 반으로 쪼갭니더. 그라고는 앙장구 입을 떼내고, 쪼매난 숟가락으로 조심시레 알을 파내면 되는기라요.

이래 파낸 알을 바닷물에 살살 일가(일어)주면 알과 내장, 이물질이 따로 분리되는데, 그 노란 속의 알만 골라내서 먹는기라요. 이때 앙장구 알이 부드러우께네 뿌사지지 않도록 조심해야 됩니데이~"

가만 보니 여간 손이 가는 것이 아니다. 한참의 작업에 앙장구 껍데기는 수북한데, 알은 조그마한 종지에 얼마 되지 않는다. 일일이 바닷물에 일어 알만 가려내는 일 또한 예삿일이 아니다. 차가운 바다 속을 분주하게 물질해야 얻을 수 있으니 또 무슨 말이 필요하랴? 이렇듯 지극정성의 노동 후에야 비로소 앙장구는 우리들 밥상에 오르게 되는 것이다.

'앙장구'는 늦가을부터 한겨울까지가 산란기라 제맛을 내는데, 특히 설 전후가 가장 맛이 좋아 다양한 요리의 고급 식재료로 사용되고 있다. '앙장구회', '앙장구 비빔밥', '앙장구 계란찜', '앙장구 미역국', '앙장구 알젓'… 그리고 앙장구를 통째 삶아서 먹어도 그 맛의 진가를 느낄 수가 있다.

부산의 '앙장구'는 향이 짙고 맛이 좋을뿐더러 영양가도 높아 일본에서도 크게 인기다. 특히 기장의 앙장구는 1970년대 이후 거의 전량 일본에 수출되고 있는데, 1kg당 10여 만 원을 호가할 정도로 귀한 대접을 받고 있다. 앙장구는 일본으로 건너가 '우니스시'(성게 알 초밥), '우니규동'(성게 알 덮밥) 등 일본인들이 즐기는 고급음식의 식재료로 활용되고 있다.

기장 이동마을 포구 앞 포장집. 해녀 일을 하는 정경금 씨가 바다에서 캐 온 식재료로 여러 음식들을 집에서 해 먹듯 뚝딱뚝딱 만들어 주는 곳이다. '먹을 만한 음식'을 묻자 '설 아래라 물질을 못해 마땅한 것이 없다' 한다. '그럼 있는 재료로 만들어 주이소~' 하니 새콤하게 잘 익은 배추 숭덩숭덩 썰어 넣고 지래미(멸치새끼) 넣고 까시리 넣어, '까시리 김칫국'을 만들어 준다. 뜨끈한 김치국의 시원함에 까시리 해초향이 향긋하게 나면서 속이 편안해진다.

이어서 나온 것이 '앙장구 계란볶음.' 기장 해안가에서만 먹을 수 있는 음식이라 반갑기도 하고 궁금하기도 했던 터이다. 프라이팬에 계란 서너 개 깨트려 파, 양파 등을 넣고 간을 하여 '스크램블' 만들듯 젓가락으로 휘휘 젓다가 앙장구 알을 넣고 뒤적여주면, 특유의 쌉쌀하고 고소한 향의 '앙장구 계란볶음'을 맛볼 수가 있다. 맛김에 싸 먹으면 고소한 맛이 더욱 배가 된다.

영도 동삼중리 해녀촌의 '영애 어멍('엄마'의 제주 말)' 집. 바닷내음 맡고 싶은 날이면 각종 해산물 앞에 놓고, 발아래 철썩이는 파도 소리 들으며 소주 한 잔 하는 곳이다. 주로 타지의 지인들이 부산을 찾으면 늘 이곳으로 안내를 하는, 매력 있는 장소이기도 하다.

영애 어멍과는 30년 훨씬 넘어 단골이라 겨울이면 '앙장구 알'을, 여름이면 '보라성게 알'을 늘 한 종지씩 넌지시 건네 받는다. 성게알의 쌉싸래한 첫맛이 입맛을 다시게끔 하고, 뒤이어 고소하고 다디단 향미가 물밀듯 밀려온다. 그 이후론 무슨 해산물이든 달콤하면서 파도소리 풍성한 바다의 정찬을 즐길 수 있는 것이다. 그러고 보니 가장 강렬하면서 고급스런 '바다의 애피타이저'가 바로 '성게알'인 것이다.

한때 이 '앙장구'를 중년의 기장사람들은 가까운 바다에서 천렵으로 즐겼다. 워낙 앙장구가 지천이었기에, 앙장구를 한 솥씩 삶아 식구들끼리 둘러앉아 까 먹었던 것. 영양가뿐만 아니라 고소한 맛에 배가 부르도록 까 먹었던 기억들이 있다.

앙장구알
앙장구 계란볶음과 앙장구 비빔밥

기장 일광에는 '앙장구 밥'을 전문으로 하는 식당도 있다. 짙은 노란색의 '앙장구 알'이 밥이 안 보일 정도로 소복하다. 그 위에 김 가루를 뿌리고 참기름을 둘렀는데, 고소한 냄새가 코끝에서 진동을 한다.

'앙장구 알'이 부스러지지 않게 젓가락으로 살살 비벼 한 숟가락 입에 넣으면, 고소하면서도 향긋한 맛이 쌉싸래하면서도 진한 해감 냄새와 함께 가득 퍼져나가며, 바다가 입안에서 출렁이듯 한다. 씹으면 씹을수록 부드러운 맛에, 바다 고유의 풍미가 절로 일어나는 것이다.

늙은 해녀한테 배운 대로 집에서 성게 알을 장만한다. 일일이 성게 알을 티스푼으로 파내고 내장과 이물질을 제거하자 진홍빛 앙장구 알의 자태가 고혹적이다. 앙장구 알로 회 한 접시, 삶아서 익힌 앙장구 한 접시를 담고, 앙장구 미역국도 한 냄비 끓여낸다. 기장미역을 참기름 넣고 달달 볶다가 육수와 간장으로 국물을 낸 후 성게 알을 넣고 한소끔 더 끓여주면 시원한 앙장구 미역국이 완성된다.

겨울입맛 제대로 살려주는 식재료이자 해녀들의 수고로움이 묻어있는 값진 음식 '앙장구.' 겨울을 이겨낸 인내의 시간과 알을 가려내는 해녀들의 극진함이 어우러져 만들어진 음식이기에 더욱 소중하고 귀하다.

이 '앙장구 만찬'을 식구들과 함께한다. 겨울 동안 소홀했던 영양도 챙기고, 쌉싸래한 맛으로 움츠러든 입맛도 살려볼 요량이다. 앙장구 한입 입에 넣는다. 아~! 입안에서 터져 나오는 만화방창(萬化方暢). 이제 곧 봄이 다가올 터이다.

기장 대표 보양식
'바다 십전대보탕'

말미잘 요리

폭염이 연일 기승을 부리고, 자칫하면 입맛과 기력이 뚝 떨어지는 염천의 나날에 사람들은 절절 끓는 이 삼복을 견뎌내기 위해 다양한 보양식으로 체력을 보충하는데, 영양탕, 삼계탕, 용봉탕 등이 대표적인 음식이다.

바닷사람들은 바다에서 구할 수 있는 식재료로 나름의 여름철 보양식을 만들어 먹어 왔는데, 다양한 잡어를 푹 고아서 만든 생선곰국, 땡볕 속에서 냉수 마시듯 시원하게 훌훌 들러 마시던 생선물회, 장어를 넉넉히 넣고 끓여내는 장어매운탕 등이 그것이다.

부산의 기장 지역에서도 대표적인 여름보양식이 있는데, 그 음식의 재료가 특별하다. 기장의 깊은 바다에서 나는 '말미잘'을 주재료로 하는 '말미잘 요리'가 그것이다. 말미잘을 잘 손질한 후 수육이나 매운탕 등으로 만들어 먹는데 식감도 좋은 데다 고단백질로 몸에도 좋아, 기장 사람들에게는 최고의 여름철 보양식으로 첫손 꼽히고 있다.

예부터 말미잘은 조류 따라 화려한 촉수를 '꽃잎처럼 하늘거린다'하여 '바다의 꽃'이라 불렀다. 서양에서는 '바다의 아네모네(sea Anemone)'라 한다. 그러나 그 아름다운 꽃 이름 뒤에는 치명적인 위험이 도사리고 있다. 마치 로렐라이 언덕에서 부르는 아름다운 인어의 노랫소리처럼 말이다.

말미잘은 원통 모양의 몸 끝에 왕관 모양의 촉수가 뻗어 있는 '산호충강 해변말미잘목'에 속하는 강장동물이다. 세계적으로 1000여 종이 서식한다. 말미잘은 독이 있는 촉수를 한들한들 흔들어 작은 생선을 유혹, 총을 쏘듯 마비시켜 먹이를 잡는다. 보기에는 한 송이 꽃처럼 아름답지만, 그 속에 독을 품고 도사리는 치명적인 바다 사냥꾼인 것이다.

말미잘은 입과 항문이 하나인 자포동물이다. 그래서인지 자세히 들여다보면 '말의 항문'처럼 생겼다. 말미잘의 원래 뜻도 '말의 미주알(항문)'에서 유래되었다. 우리 조상의 관찰력과 해박함, 해학이 어우러져 만들어낸 이름이다. 기장에서는 이 말미잘을 '몰심'이라고도 하는데, 아마도 '말의 암컷 성기'를 이르는 말이 순화된 것으로 보인다.

말미잘은 주로 '붕장어 주낙'에 걸려서 올라오는데, 한때는 붕장어 잡이 배의 객식구로 환영받지 못했다. 그러던 것이 색깔도 좋고 통통한 모양새도 그럭저럭해서 '붕장어매운탕'에 함께 넣고 끓여 먹었던 것이, 지금 기장의 대표 여름보양식 '말미잘매운탕'으로 거듭났다. 이 말미잘을 기장에서는 붕장어와 갖은 채소, 넉넉한 양념을 넣고 보글보글 끓여서 여름 한 철 즐기는 것이다.

현지인들에 따르면 말미잘이 위장에 좋다고도 하고 간에 좋다고도 하는데, 그만큼 해독이나 치유 능력이 뛰어나다는 뜻일 게다. 특히 말미잘 촉수의 독은 피부 노화 예방과 미백 효과에 관한 연구가 진행되고 있다고 하니, 여성에게는 이래저래 효과가 있긴 있겠다.

기장에 '말미잘 요리'가 자리 잡게 된 것은 20여 년 전. 일광 신평마을의 '부자집'이 최초라고 알려졌다. 이곳 주인장이 기장으로 시

붕장어를 함께 넣고 얼큰하게 끓인 매운탕
담백한 맛의 수육, 씹는 맛이 독특한 숯불구이

집와서 부산 최초로 개발해 음식으로 팔았다는 것이다. 현재는 일광 해안 곳곳에 말미잘 요리를 취급하는 음식점이 많이 생겨났다. 특히 칠암 쪽이나 학리 해녀촌에 가면 '말미잘매운탕'과 '말미잘수육' 등으로 맛볼 수가 있다.

앞서 말했듯이 말미잘은 붕장어 배의 주낙으로 잡는데, 부산에서는 기장 지역에서만 나는 특산물이다. 수심 100m 개펄에서 장어 주낙의 미끼를 물고 낚여 올라오는 것이다. 크기는 지름 15~20m로 다른 지역 말미잘보다 몸체가 커 4~5마리면 1*kg*이 넘어간다.

붕장어 잡이 배는 2t에서 100t 정도의 크기다. t당 주낙줄을 10바퀴 정도 싣는데, 대개 40~60바퀴씩 준비하여 출항한다. 470~500m 주낙 줄 '한 틀'을 '한 바퀴'라고 하는데, 크고 둥근 고무대야 안에 한 틀의 주낙줄을 준비해 두기에 그렇게 부른다. 물때와 계절 따라 차이는 있지만 보통 30~80*kg* 정도 어획한다고.

기장의 말미잘 요리는 정성의 음식이다. 그만큼 식재료의 손질이 어렵고 까다롭다는 뜻이다. 우선 칼로 말미잘 표피의 점막을 긁어내고 촉수를 제거한다. 그리고는 말미잘을 반으로 갈라 안의 내장을 일일이 손질한 후, 적당한 크기로 자른다. 장만한 말미잘은 체에 걸러 흐르는 물에 불순물을 씻어내고 손으로 바락바락 문질러 독을 뺀다. 제대로 장만하지 않으면 말미잘에 남아 있는 독성으로 먹은 후 입과 목이 싸~하다.

일광 학리 해녀촌에서 지인들과 앉았다. 식탁에 '말미잘매운탕'과 '말미잘수육', '말미잘숯불구이'가 차례대로 올라온다.

'말미잘매운탕'은 말미잘과 붕장어를 함께 넣고 얼큰하게 끓인 음식이다. 밤새 고운 붕장어 뼈 육수에 된장, 고춧가루를 풀고 적당히 토막 낸 붕장어와 말미잘을 넣어 20~30분을 더 끓여내기에 '여름철 보양식'으로는 그저 그만이다.

그 효능이 '보약 한 재' 효과라고 하여 '바다의 십전대보탕', '용봉탕'이라는 별칭이 붙기도 했다. '신랑각시탕'으로도 불리는데, 말미잘은 여성에게 유효하고 장어는 남성의 기력 보충에 좋으니, 둘의 궁합이 부부금슬 좋아지는 음식 중 최고의 반열이라는 뜻이겠다.

국물 한술 뜬다. 국물이 걸쭉하고 진한데도, 얼큰하고 시원한 맛이 돈다. 고소한 맛 또한 정점이다. 방아와 땡초, 대파, 양파 등속과 간 마늘 등을 넉넉히 넣어서인지 마치 해물된장국처럼 개운하기조차 하다.

말미잘 한입 집어 맛을 본다. 아작아작 오독오독 씹는 맛이 일품이다. 부드러운 연골을 씹듯 톡톡 터지는 식감이 아주 특별하다. 짭조름한 양념 간 밴 도가니와도 비슷하다. '말미잘수육'과 '말미잘숯불구이' 또한 그 맛과 식감이 독특하고 이색적이다.

말미잘수육을 맛본다. 은근하고 담담하게 씹히다가 점점 고소한 향이 강하게 치고 올라오는 매력이 있다. 은은하게 간이 배여 있기에 초고추장이나 간장에 살짝 찍어 먹어도 그 맛이 훌륭하다.

숯불에 구운 말미잘숯불구이도 한입 집어 먹어본다. 우선 숯불 향이 물씬 나고 달짝지근한 고추장양념의 감칠맛이 특별하다. 숯의 불향과 들큰한 양념, 말미잘 본연의 식감이 서로 어우러져 환상적인 맛을 낸다. 한입 가득 씹으니 꼬독꼬독한 식감도 최고점을 찍는다.

서양에서는 아름다우면서도 치명적인 '바다의 꽃'으로, 우리나라에서는 입에 올리기 거북하지만 서민들의 삶의 해학을 느낄 수 있는 '말의 미주알'로, 서로가 극명하게 대비되는 바다생물, 말미잘.

어찌 됐거나 독성을 가진 강장동물 '말미잘'이 기장 사람들에게는 여름을 나는 '이독치독(以毒治毒), 이열치열(以熱治熱)의 음식'으로 환영받고 있으니, 이 또한 부산 사람들의 수용적인 성정과 부산의 '음식 다양성'에 지대한 영향을 미치는 식재료라 할 것이다.

말미잘 요리 한상
화려한 촉수가 하늘거리는
바닷속 말미잘

씨알은 작아도

다양한 입맛의 쓰임새

기장 갈치

갈치. 오랫동안 우리의 식탁을 맛있고 풍요롭게 했던 국민 생선. 한 때 싸고 맛있고 영양가 높은 서민 생선으로 참 착한 음식이었다가, 지금은 어족 고갈로 귀족 음식이 된 지 오래다. 갈치회, 갈치조림, 갈치구이, 갈칫국, 갈치속젓, 갈치통젓…. 어떻게 해 먹어도 부드럽고, 고숩고, 짙은 감칠맛이 그저 그만인 음식, 갈치.

기장갈치는 단백질과 지방이 풍부해 맛도 좋고 영양가도 높은 국민 생선으로 꼽힌다. 맵싸하고 달큰하고 시원한 갈치찌개는 밥 한 공기 뚝딱 하는 밥도둑이다.

갓 잡아 푸른 빛을 띠는 갈치

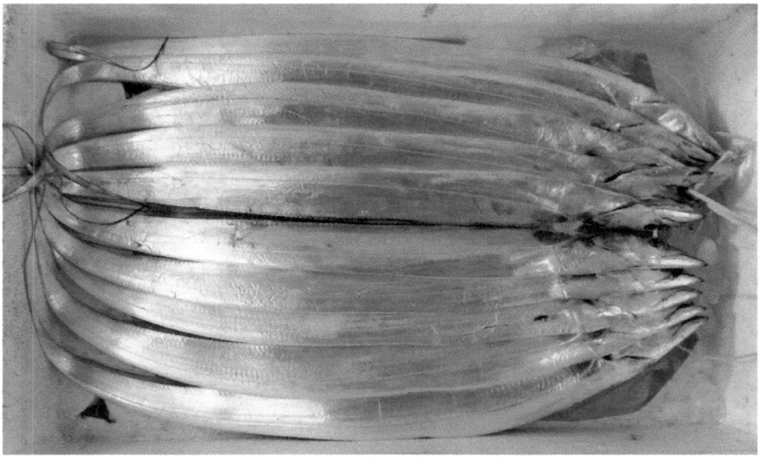

갈치는 가을에 가장 맛있는 생선이다. 가을 갈치는 지방분이 많아 고소하고 부드러워 남녀노소 모두의 입맛을 당기는 영양 가득한 음식이다. 왕소금 솔솔 뿌려 석쇠에 두툼하게 구운 갈치구이나 적당한 크기의 갈치를 애호박과 감자, 무, 양파 등을 숭덩숭덩 썰어 얼큰하고 짭짤하게 끓인 갈치찌개… .

갈치 산지인 기장 근처에는 갓 잡은 싱싱한 갈치를 호박잎과 막걸리를 이용해 비늘을 벗겨내고 즉석에서 썰어먹는 갈치회와 각종 야채와 함께 무쳐 먹는 갈치회무침 등도 유명한 식단이다.

그 외에도 애호박을 넣고 담담하게 끓여낸 갈칫국은 담백하고 시원한 국물이 일품이다. 갈치속젓은 구수하고 깊은 맛 때문에 땡초 넣고 밥에 쓱쓱 비벼 먹으면 너무나 행복한 맛을 낸다. 각기 조리법은 달라도 모두들 밥도둑의 반열에 드는 근사한 음식들이다.

갈치는 옛 문헌에 칼처럼 생겼다고 도어(刀魚)라고 불렸다. 또는 '속치마를 묶는 띠 같이 생긴 생선'이라 하여 군대어(裙帶魚), 칡넝쿨처럼 생겼다고 갈치(葛侈)라고도 했다. 우리말로는 '기다란 칼' 같다고 칼치, 갈치 등으로 불린다.

부산에서는 기장이 주산지로, 다른 지역보다 일찍이 갈치 조업이 이뤄졌고 매년 많은 양의 갈치를 어획하던 지역이었다. 일제강점기 전후로 일본인들에 의해 어장이 개발되어 멸치, 붕장어 등과 함께 일본인들의 어족 수탈 대상이 되었던 어종이기도 하다.

외해의 갈치보다 씨알은 작으나 다양한 쓰임새로 인기가 많았던 것이 기장 갈치였다. 기장사람들은 이 갈치로 가을 기장 무와 함께 갈치섞박지를 담아 겨우내 주요 밥반찬으로 활용했고, 갈치 새끼인 풀치를 덤벙덤벙 썰어 김장김치 속에 담가두었다가 맛이 들면 입맛없는 봄날, 별미로 즐겨 먹기도 했다.

그 외에도 갓 잡은 갈치는 갈치회로 떠 포구 사람들의 막걸리 안주로 즐겨 올라오기도 했고, 저장성이 떨어지기에 갈치 어획 철에는 내장을 제거하고 넓적하게 펼쳐서 바닷바람에 꼬득꼬득 말려 두었다가 두고두고 건갈치조림으로도 먹었던 기장 별미음식의 식재료였다.

물론 한때 고등어와 함께 서민 생선으로 구이나 조림, 찌개로 올라와 든든한 밥상을 책임지기도 했던, 그리하여 우리 부산사람들 식단에 주요한 역할을 담당한 어족이 기장 갈치였다.

또한 갈치는 비단 우리 식탁뿐 아니라 부산 특산음식인 '부산어묵'의 주원료로 널리 활용되기도 했다. 갈치의 새끼인 '풀치'를 조기 새끼인 '깡치'와 함께 한데 넣고 갈아 기름에 노릇노릇 튀기면 우리가 즐겨먹던 어묵이 되었다.

이렇게 우리 식탁에서 요긴한 식재료인 갈치는 주요 낚시 대상어이기도 하다. 한때 지인의 낚싯배를 타고 갈치낚시를 다녔던 때가 있었다. 갈치낚시는 수심 100m의 깊은 밤바다에서 집어등으로 불을 밝히고 한다. 10개의 낚싯바늘에 꽁치 미끼를 달고 1kg 내외의 추를 사용하여 낚는다.

갈치 떼를 만나면 낚싯배 전체가 연신 갈치를 올려낸다. 등지느러미를 물결치듯 움직일 때마다, 집어등 불빛에 갈치는 번뜩이는 긴 칼의 모습을 보여준다. 그만큼 그의 모습은 날렵하면서도 현란하다. 부나비 떼처럼 집어등으로 몰려드는 은갈치 덕분에, 밤새 낚시꾼들은 손맛을 단단히 보고, 갑판에 쌓이는 갈치들로 모두 신이 난다.

맵싸하고 달큰하고 시원한 갈치찌개
노릇노릇하게 구운 갈치구이

잘 잡힐 때는 10개 바늘 채비에 3~5마리씩 낚싯바늘을 물고 올라온다. 개중에는 5지(指)급 갈치도 심심찮게 올라온다. 5지란 갈치 체고가 손가락 5개 정도의 너비를 말하는 낚시용어. 크기는 130~150㎝로 갈치 씨알로는 보기 드물게 큰놈이 올라오기도 한다.

낚시를 해서 잡은 갈치는 우리 식탁 한가운데 떡하니 자리를 차지하는 주요한 음식이 된다. 우선 갈치구이는 크고 살집 두터운 놈으로 노릇노릇 구워낸다. 적당히 간이 밴 구이는, 부드럽고 고소한 맛을 제대로 낸다. 따끈한 밥 한술에 한입 가득 갈치구이를 베어 먹으면, 입안에서 온통 구수한 맛이 돌면서 입안을 참 즐겁게 하는 것이다.

갈치조림은 냄비에 갈치와 무, 배추, 호박 등을 넣고 소금 간을 해서 국물을 자작하게 끓여 매콤 짭조름하게 먹는다. 싱싱할 때는 갈치회나 갈치회무침으로도 해먹는다. 갈치회무침은 야채의 상큼한 맛과 갈치의 쫄깃, 고소한 맛을 함께 맛볼 수 있다. 작은놈들은 꾸덕꾸덕 잘 말렸다가 적당히 토막 내어 양념장을 묻힌 후 조려서 먹는데, 살이 꼬들꼬들하면서도 적당히 부드러워 뼈째 아작아작 씹어 먹는 맛이 일품이다.

큼지막한 놈으로 갈치 한 토막을 집어 든다. 제법 두툼한 게 살집이 넉넉하다. 한 입 발라먹는다. 들큰하고 고소한 살이 부드럽게 혀를 감싼다. 바다가 한입 입안에서 푸들푸들 살아 오르는 것 같다. 갈치찌개의 국물도 맛본다. 맵싸하면서도 달큰하고, 짭짤하면서 시원하다. 갈치조림은 자작한 국물에 밥을 비벼 먹으면 참으로 흔쾌하다.

한창 갈치가 맛있는 철이다. 요즘 갈치는 단백질과 지방이 풍부해 맛도 좋고 영양가도 높다. 불포화지방산이 많아 고혈압, 동맥경화 등 성인병 예방에도 효과적이고, 칼슘 성분 또한 풍부해 성장기 어린이에게나 노인들에게 아주 훌륭한 식품이다. 잔뼈가 많기에 가족끼리 서로 발라주며 오순도순 먹으면, 가족애가 소록소록 피어나는 음식이 갈치요리다.

PART 03

역사를 품은 곳, 원도심의 맛

부산어묵

부산을 닮아 따뜻한 음식

어묵. 다양한 요리로도 변주되고, 남녀노소 건강하고 맛있게 즐길 수 있는 웰빙 식재료이며, 그 나라의 정체성을 대표하기도 하는 소울푸드. 이 어묵의 발상지는 동아시아로, 고래로 동아시아 여러 나라들에서 다양한 레시피로 존재해왔다.

그중 가장 오래된 기록은 중국 진나라 때이다. 당시 권력자였던 진시황(기원전 247~210년 재위)은 평소 생선요리를 즐겨 먹었는데, 요리에서 생선가시가 나오면 요리사를 바로 처형시켰다. 이에 한 요리사가 가시를 제거한 생선살로 시황에게 '생선완자요리'를 만들어 바치자 매우 흡족해했다는 기록이 있다.

일본도 고훈시대(3~7세기)부터 두부와 생선살 등을 꼬챙이에 붙여 구워먹었다는 기록이 있고, 우리나라도 조선 숙종(1674~1720년 재위) 때 『진연의궤(進宴儀軌)』와 『산림경제』 등에 '생선숙편'과 '생선완자탕'의 조리법을 소개하고 있다. 이처럼 동아시아는 오래전부터 생선살을 이용하여 다양한 방법으로 음식을 해 먹은 것이다.

'부산어묵'은 문헌상으로 부산 부평시장에서 처음 시작되었다. 일본의 '가마보코(蒲鉾, かまぼこ)'라는 음식에서 유래된 것으로, 생선살을 으깨고 반죽해서 튀기거나 찌거나 구운 생선묵 형태의 음식을 말한다.

1915년 부산부청 발간 '부평시장월보'에 따르면, 주요 거래 점포

모듬어묵

베이커리형 어묵매장

중에 '가마보코' 전문 점포 3곳을 최초로 기록하고 있다. 이후 1924년 조선총독부가 발간한 '조선의 시장'에서는 "부평시장은 쌀, 가마보코, 채소, 청과물 등이 주종"이라고도 소개하고 있다.

일제강점기 부평시장서 시작된 어묵(가마보코)은 부평동 부근에 들어선 대좌부(貸座敷)란 요정을 중심으로 소비되던 고급 식재료였다. 이 가마보코는 해방 전후로 해서 '음식문화의 대중화' 과정을 거친다. 일본인들이 남겨두고 간 어묵설비와 기술로 우리 실정에 맞게 어묵을 생산하기 시작했던 것이다. 1945년 한국인으로는 부산 최초로 부평동시장에서 어묵을 생산했던 동광식품(창업자 이상조)이 그 시작이었다.

김동리의 소설『해방』의 한 대목을 살펴보자.

> 이상한 소문이 떠돌았다. 앞으로 조선이 독립이 되면 일본말뿐 아니라 옷이던 음식이던 일본 것은 모조리 못 쓰게 된다는 소문이었다. (중략) "아니, 정말이여. 신문에까지 났다는듸. 저 가마보꼬는 참 일본 음식이 아니겟지? 조선 사람들도 잘만 먹으닝께." 하면 "그렇지 않을 것이여! 아니, 우리는 가마보꼬가 없으면 밥을 먹는 같잖은듸."(중략) "그것도 본데는 다 일본 음식이지." "아니, 그럴 리가 있을라고? 우리 조선 사람들도 만 가지 요리에 다 쓰고 있는듸. 잔치에 안 쓰나 제사에 안 쓰나?"

소설 내용에 따르면 당시 어묵은 이미 우리 식문화 속에 깊숙이 자리한 것을 볼 수가 있다.

그러나 지금의 '부산어묵' 형태는 그 시절 일본식 기술과는 다른 환경과 제조방법으로 탄생되었다. 시대적 배경은 한국전쟁기. 부산이 피란수도로 피란민들의 의식주를 책임지던 시절, 다양한 피란음식이 부산에서 탄생되는데 그중 대표적인 것들이 돼지국밥과 밀면, 꼼장어, 부산어묵 등이다.

그중 부산어묵은 자갈치시장을 중심으로 널리 보급됐다. 당시 시장에서 위판되고 남은 생선이나 상품가치가 없는 생선을 '대수리'라는 돌절구에 함께 넣고 통째로 갈아 정어리기름이나 고래기름 등에 튀겨내 어묵을 만들었다.

때문에 '부산어묵'의 원형은 한국전쟁 시절 '막갈이'와 '덴뿌라'로 크게 구별된다. '막갈이'는 생선을 통째로 '갈아내는 것'을 말하고, '덴뿌라'는 깡치(조기 새끼)나 풀치(갈치 새끼) 등 잡어를 갈아 미군 드럼통으로 만든 기름 가마에 넣고 '튀겨내는 생산방식'을 말한다.

이렇게 피란민이 몰려들면서, 부산에는 튀김 중심의 값싸고 영양가 높은 어묵이 탄생되고 호황을 누리게 된다. 대표적인 국민음식 '부산어묵'으로 자리 잡게 되는 것이다. 1950년대에는 영도 봉래시장의 삼진식품(창업자 박재덕)과 영주동시장의 환공어묵 등이, 1960년대 이후에는 초량시장의 영진어묵(창업자 박병수)을 비롯해 미도, 효성, 대원 어묵 등이 부산어묵의 서민화를 선도했다.

이 시기에 어묵은 주로 밥반찬으로 널리 애용되었지만, 부산의 문화인들에게 없어서는 안 될 안주로도 자리 잡는다. 한때 남포동, 중앙동 등지에는 '부산어묵'으로 만든 오뎅탕의 따뜻한 국물에 정종 한 잔 마실 수 있는 대폿집들이 많았다. 이들은 부산 문화예술인들의 문화사랑방 역할을 했는데, 특히 비 오는 날이나 유난히 추운

날, 삼삼오오 모여 예술을 논하며 술잔을 기울였다.

당시 부산어묵, 스지, 토란, 곤약, 삶은 달걀 등이 푸짐하게 들어간 '스지오뎅탕'은 따끈한 정종과 최고의 궁합을 자랑하는 일품요리였다. 다양한 식감의 오뎅재료들과 진하고 시원한 오뎅국물로 많은 사랑을 받았었다.

이 대폿집들은 대부분 계산을 바둑돌로 했는데, 검은 돌과 흰 돌을 나누어 '돌 하나'에 '정종 한 잔', '오뎅 한 접시' 등으로 계산을 했다. "약병 같은 병뚜껑에다 바둑돌이 들어갈 구멍을 내고, 마신 대폿잔과 안주 수대로 바둑돌을 집어넣는 거예요. 돌을 하나 둘 넣을 때마다 딸그락딸그락 바둑돌 쌓이는 재미가 꽤나 쏠쏠했지요." 부산민학회 주경업 회장의 말이다. 참 낭만적이면서도 합리적인 계산법이 아니던가?

현재 전국은 부산발 어묵열풍에 휩싸였다. 사람들은 '어묵로드' 여행을 위해 부산을 찾고, 어묵체험역사관에는 연간 100만 명이 다녀가며, 부산 곳곳의 어묵매장에서 부산어묵을 사기 위해 긴 줄을 오래도록 서고 있다.

이는 부산의 어묵회사가 주축이 되어 '어묵의 패러다임'을 바꾸고 있기에 그렇다. 대도시 기차역에 직영점을 두고 다양한 '베이커리 어묵'으로 대박을 치는가 하면, 대형백화점 등에 입점하여 어묵을 베이스로 하는 다채로운 고급식품 개발로 그 부가가치를 높이고 있는 것.

그 대표적인 제품들이 빵의 형식을 갖춘 '어묵고로케'와 면의 형식을 갖춘 '어묵우동' 등이다. 이들은 부산어묵이 가야 할 방향을

실험하는 제품들로, 그 귀추가 주목된다.

이들의 맛을 본다. 어묵고로케는 생선연육 안에 치즈, 땡초, 새우, 카레, 고구마 등 각종 소가 들어가 있어 간식으로나 한 끼 식사대용으로도 충분하겠다. 부드러운 연육이 말랑말랑 씹히고 뒤이어 각종 소가 짭조름하게 함께 어우러지며 한입 가득 든든하다.

어묵우동 국물을 맛본다. 가다랑어국물의 달작하고도 진한 감칠맛이 참 좋다. 어묵으로 면을 만들어 탱탱한 면의 식감도 생각보다 재미있다. 이와 함께 회처럼 간장고추냉이에 찍어 먹는 '어묵회'도 색다른 맛을 전해준다. 이처럼 '어묵의 고급화'와 '다른 음식으로의 응용' 등이 소비자들에게 신선한 자극으로 다가오고 있다.

그럼에도 어묵계의 일각에는 "부산의 어묵회사들이 '부산어묵'이라는 브랜드 속에서 성장을 해왔음에도, 정작 어묵의 원료는 수입

어묵고로케, 어묵우동

냉동연육을 사용하고 있다."며 "부산어묵이 제대로 정착하기 위해서는 부산에 냉장연육(생육)가공공장을 설립하고, 우리 연근해의 신선한 생선으로 부산만의 특화된 어묵제품을 생산해야 한다."고 주장한다.

비린내가 적어 다양한 음식재료로 적용이 용이한 냉동연육과 부산어묵이 가지는 구수하고 깊은 풍미를 내는 국산생육. 다양한 '부산어묵의 구현'을 위해서는 둘 다 장단점이 있겠다. 때문에 부산시와 부산지역 어묵가공업체들의 많은 관심이 필요할 것이다.

그리고 부산어묵이 가지고 있던 부산 향토음식으로의 정체성과, 우리 국민들을 먹여 살렸던 그 시절의 '부산어묵' 레시피는 필히 보전해야겠다. 그래야만 '부산어묵'이란 고급브랜드의 정통성을 확보할 수 있을 것이다.

전쟁 중 값 싸고 양 많고 영양 풍부한 음식으로, 그 시절 대한민국 식탁을 책임진 '공유의 음식'이자 '배려의 음식'이었던 부산어묵. 비록 '최선의 음식'이 아니라 '차선의 음식'이었고 '대체의 음식'이었지만, 부산어묵은 부산사람을 닮아 '늘 따뜻하고 착한 부산음식'이었다. 그 마음, 잘 보존하고 발전시킬 일이다.

자갈치시장 서민음식

두투

자갈치시장 입구, 싱싱한 생선들이 진열된 어물전 근처에 천막으로 얼기설기 지어놓은 노천상점이 몇 집 있다. 한 집은 고래고기를 파는 집이고, 세 집은 '두투'를 파는 집이다. 다소 생소한 이름의 두투는 상어의 부산물을 부위별로 삶아서 수육으로 만든 음식이다.

상어의 부산물은 상어지느러미, 상어꼬리, 상어내장 등이 있는데, 돼지로 치자면 머릿고기, 돼지껍데기, 내장수육 등속이다. 게다가 개복치와 꼼장어묵까지 파니, 그야말로 자갈치시장 갯것 음식 종합세트다. 이들을 오랜 시간 삶아 수육처럼 소스에 찍어 먹는데, 단백질이 많고 지방이 적어 건강식품으로도 손꼽히고 있다.

이 두투는 지방별로도 유사한 음식들이 있는데, 가장 흡사한 것이 경주의 '두치'이다. 두치는 주로 고양이 눈을 닮은 '괭이상어'의 머리, 내장, 꼬리, 살코기 등을 찜통에 삶아 초고추장에 수육처럼 찍어 먹는 음식이다. 일부 식문화가들은 이 두치를 "부산경남 일부지역에서는 두투라고 부른다."고 기술하기도 한다.

경북지역에서는 영천을 중심으로 토막낸 상어고기를 소금에 절인 '돔배기'를 즐겨 먹는다. 상어의 '토막고기'를 뜻하는 경북지역의 말에서 유래된 것으로, 제사나 잔칫상에 올리지 않으면 안 되는 음식이다. 전라도의 잔치음식인 홍어의 '경북판'이라 보면 되겠다.

주로 산적으로 해서 먹는데 경북에서는 '돔배기산적', 경남에서는 '두투산적', 제주도에서는 '상어적갈'이라고 부른다. 그 외 탕수, 구이, 조림 등으로 만들어 먹기도 한다. 그리고 남은 돔배기껍질은 솥에서 푹 고은 후 묵처럼 굳혀서 초고추장에 찍어 먹는데, 이를 '두투머리'라고 부르는 것이다.

이처럼 부산의 '두투'는 경북에서 상용하는 상어음식 문화와 그 어원에서 일정 부분 영향을 받은 것으로 보인다. 그러나 물론 이견도 있다. 일단의 지역 어문학자들은 '두투'를 '상어의 머릿고기'가 아니라 '두툽상어' '개상어'와 관련하여 '두꺼비'를 의미하는 '두툽'이 변화된 것이라고 밝히고 있다. 두툽상어는 크기 50cm내외의 소형 상어로, 부산지역에서는 '개상어'로 불리며 횟감으로 활용되고 있다.

그러나 현재 부산에서 식용하는 '두투'는 그 내장이나 지느러미, 꼬리 등의 크기가 크고, 검은 빛이 도는 껍질의 색깔 등을 볼 때, 두툽상어는 아니라는 것이 개인적인 견해다. 주로 경북지역에서 소비되는 돔배기용 상어가 부산에서 위판되고, 그 종류가 귀상어와 참상어, 청상아리, 악상어 등 중대형 상어인 것으로 봤을 때, 두투는 이들의 부산물로 만든 식재료로 사료된다.

40여 년을 한 자리에서 두투를 팔아온 김영숙 씨의 가게에 앉아 두투 한 접시 시킨다. 상어 내장 썬 것과 꼬리, 지느러미, 그리고 개복치 수육과 꼼장어묵 등이 소복하게 나온다. 한 점씩 맛을 보는데, 각각의 식감과 맛이 전혀 달라 흥미롭기까지 하다.

'내장'은 적당히 꼬들하다. 내장 특유의 진한 맛이 돌지만 제대로

상어지느러미(샥스핀)
상어꼬리, 두투

삶아서인지 담담하다. 일행이 잘 삶았다고 하자 "우리 아들이 삶았는데, 잘 삶는다."며 은근히 아들 자랑이다. "내장은 삶기 전에 칼로 찐득한 진을 긁어줘야 한다꼬. 그래야 비린내가 안 난다 아이가."

'꼬리'는 껍질과 껍질 밑의 진피와 살 등 세 겹이 함께 붙어 있는데 각 부위별로 오돌오돌, 쫀득쫀득, 보들보들 그 맛이 달라 먹는 재미가 쏠쏠하다. 샥스핀이라 불리는 '지느러미'는 낚싯줄처럼 생긴 힘줄이 생선가시처럼 정렬되어 있는 형태이다. 포슬포슬하게 생겼는데 씹으면 힘줄 하나하나가 입안에서 각기 독립된 식감으로 자유롭다. 오래도록 끓여 조리한 중국 샥스핀 스프와 달리 꼬들꼬들한 식감을 최대한 살렸다.

'개복치 수육'도 한 점 맛본다. 우선 보기에는 하얀색을 띠는 청포묵과도 닮았다. 그러나 식감은 오돌도돌하면서도 잡내가 없고, 맛이 깨끗하면서도 담백하다. 부산에서는 이 개복치까지 두투의 영역에 두고 즐기고 있는 것이다.

원래 개복치는 몸길이 약 4m, 몸무게 평균 1t인 거대한 물고기이다. 최대 2t까지 나가는 경우도 있다. 몸은 타원형이고 꼬리는 퇴화되었으며 몸은 옆으로 납작하다. 전체적으로 둥글납작하게 생겼다.

얼핏 보기에는 복어와 비슷하게 생겼는데, 주로 포항에서 위판되며 포항지역에서는 별미로 통한다. 집안의 경조사에는 꼭 개복치 요리가 상에 올라오고, 개복치 요리 전문점도 있다. 껍질은 수육으로, 살은 회무침으로, 대가리와 뼈 등은 찜용으로 활용된다.

다양한 두투를 한 점 한 점 일별하고 있으려니 잠시 짬을 낸 김씨가 대뜸 맛이 어떠냐고 묻는다. "맛있제? 이 두투는 상어고기라서 무우몬 간이 좋아진다데. 나는 속 안 좋을 때 이거 몇 개 집어 무우몬 속이 편해지더라꼬."

김 씨에게 두투 장만법을 물었다. "말도 마라~!" 김 씨가 손사래를 치며 "두투는 손이 많이 가는 음식"이란다. "씻기고, 빨고, 벗기고, 긁어내고, 삶고, 헹구고, 말리고, 식히고…." 등의 지난한 과정을 거쳐야 상어가 두투가 된다는 것이다.

"내장은 그냥 삶으면 싱겁고 맛이 없어. 소금 넣고 삶아야 꼬들꼬들하고 맛도 좋아진다 아이가." "잘 익었는지는 어떻게 압니까?" "손으로 만져봐가 손가락이 쑥 들어가몬 익은 기고 안 들어가몬 덜 익은 기라." "끓는 물에 손을 넣는다고요." "하모. 내사 마 뜨거운 것 만지고 해 싸서 손이 다 익었뻿다 아이가." "하이고~!"

이렇게 푹 삶은 내장은 아주 부드럽다. 이를 쫄깃한 식감을 주기 위해 냉동실에 보관하여 식힌다. 그래야 손님에게 낼 정도로 꼬들꼬들한 식감이 살아난다. 꼬리는 물에 삶아서 까끌까끌한 피부의 돌기를 칼로 일일이 다 벗겨내야 한다. 그리고 수돗물을 틀어놓고 이물질 등을 일일이 씻어낸 뒤 다시 한 번 삶아야 먹을 수 있다.

지느러미는 팔팔 끓는 물에 30분 정도 삶아서 손으로 일일이 껍질을 벗겨내 하얀 힘줄만 남으면 다시 30분 끓인 후 찬물에 씻어야 꼬들꼬들한 식감이 살아난다. 잘 삶으면 투명한 낚싯줄처럼 보인다.

개복치는 꺼끌꺼끌한 껍질을 칼로 벗겨내야 먹을 수 있다. 20cm² 이상의 덩어리로 삶는데, "잘못 삶으면 물이 되고, 덜 삶으면 이가 안 들어갈 정도로 딱딱하다."고 한다. 잘 삶은 것은 반투명하고, 덜 익은 것은 유백색을 띤다.

두투는 음식 자체의 풍미가 없기에, 식감과 소스에 그 맛을 크게 의지한다. 때문에 소스의 주 베이스인 초고추장 맛이 아주 중요한 맛의 요소가 된다. 하여 김 씨는 매실액, 감식초, 탁주식초 등을 아낌없이 써서 초고추장을 만들어야 두투의 제맛을 볼 수가 있다고 귀띔한다.

볕이 참 좋은 날. 자갈치시장에는 두투가 있다. 아무리 주머니가 가벼워도 두투 만 원어치 시켜놓으면, 모든 세상사 다 훈수하며 거방하게 술추렴 할 수가 있는 것이다. 그것도 그 식재료가 상어임에랴~! 그래, 마음 적적한 날이면 '싸나이'들끼리, 호기롭게 시국을 재단하며 상어 한 점 씹어보는 것도 좋은 일이겠다.

화교밥상

짜장면이나 짬뽕 등 일명 '중화음식'이 어느 나라 음식인가를 두고 의견이 많다. 중국이주민들이 중국에서 먹던 요리법을 가져와 조리해 먹었기에 '중국음식'이라 하기도 하고, 기원은 그렇지만 한국에서 한국사람들 입맛과 음식문화에 맞게 변화, 발전했기에 '한국음식'이라고 주장하기도 한다.

그 일례로 중국 본토에 짜장면의 유형은 있으나 우리 고유의 짜장면은 없다는 점과 일본 나가사키 화교에 의해 도입된 흰색 '나가사키 짬뽕'이 붉은색의 고춧가루와 매운맛을 첨가하는 현지화 과정을 거쳐 오늘날 '우리의 음식' 짬뽕이 되었다는 점 등을 들고 있다.

부산 화교밥상

기실 부산의 밀면과 돼지국밥도 따지고 보면 우리 부산 고유의 음식은 아니다. 잘 알다시피 냉면의 '대용식'이 밀면이고, 돼지 고깃국의 '차선책 음식'이 돼지국밥이었다. 모두 한국전쟁 시기 피란민들에 의해 정착된 음식이다.

생선 막갈이 방식의 부산어묵도 그 원형은 일본의 '가마보코'였고, 우리가 모든 음식의 밑간이나 육수, 심지어 반찬으로까지 다양하게 활용하고 있는 '멸치의 활용법'도 일제강점기 전후에 도입되었다. 이런 측면에서 짜장면과 짬뽕을, 밀면과 돼지국밥처럼 우리 음식의 범주에 넣어야 한다는 주장이 설득력을 얻고 있는 것이다.

평소 편하게 지내는 상해거리 중국음식점 '완차이(灣菜)'의 주인장에게 식사초대를 받았다. 오랫동안 그의 요리점에서 주인장 집안에서 담근 가양주를 얻어먹으며 인연을 맺은 곳이다. 식구들이 먹는 식사자리에서 밥을 함께 먹는데, 생각보다 상차림이 거방하다.

원래 화교들은 고기요리 한두 개에 반찬으로 야채볶음 서너 개 정도로 식사를 하는 것이 일반적인데, 아마도 '이방(異邦)의 이웃'을 위한 배려이겠다. "우리가 어떻게 먹는지 궁금해하시기에 우리 먹는 식대로 몇 가지를 더 만들어봤어요." 정춘화 대표의 말이다. 원래는 "볶음요리 세 개에 탕 하나, 밥, 그리고 한국식 밑반찬 등으로 간단하게 식사를 한다."고.

밥상에는 '돼지고기 고추잡채'와 '닭고기 땅콩볶음'이 자리하고, '청경채두부탕'과 '가지튀김', '튀긴 빵과 오이냉채', 그리고 '토마토계란볶음'과 '양배추볶음', '감자볶음', '미역줄기볶음' 등이 반찬으로 올랐다. 밑반찬으로 '멸치볶음'과 '깻잎장아찌'도 보인다. 가만 보니 고기에 비해 야채요리가 많고, 볶음반찬이 주를 이룬다. 조리법이 산둥식이다.

이는 부산 화교들 대부분이 산둥성 출신이기에 그렇다. 1884년 우리 땅에 청관이 설립되면서 인천과의 뱃길이 수월했었던 산둥성 사람들이 대량 이주를 했고, 인천지역의 산둥성 사람들이 한국전쟁 시기에 부산으로 피란을 왔다가 정착함으로써 지금의 부산화교 사회를 이루게 된 것이다.

완차이 정춘화 대표의 아버지도 일제강점기인 1930년대 초, 열세 살의 나이로 산둥성에서 이주를 했단다. 서울 강남지역에서 중국음식점을 크게 하셨다고. 그의 딸인 정대표는 결혼 후 부산으로 내려와 30여 년 동안 중화요리점을 운영하고 있다.

정대표가 음식을 앞에 두고, 집에서 담근 가양주를 한 잔 권한다. 술 이름은 홍복주(紅福酒). 네 가지의 유효한 한약재를 넣어 담근 '빠이주(白酒)'인데, 한약재 때문에 붉은 빛이 감돈다. 음식을 먹기 전 홍복주로 입을 개운하게 가신다. 그 향의 그윽하기가 사람 마음을 다독이고, 술맛의 부드럽기가 여인 살결과도 같다.

한 모금 입에 머금으니 백주의 향과 한약재 냄새가 입안 가득 돌고 돈다. 곧이어 입과 코를 적시는 술기운이 짜릿하다. 그러나 한 모금 삼키자 부드럽게 넘어간다. 50도 내외의 알코올 도수인데도 목 넘김이 참 좋다. 그리고는 요리를 하나씩 일별해보는 것이다.

'양배추볶음'은 아삭아삭하고 고추를 넣어 매콤하다. '돼지고기 고추잡채'는 고기의 육즙이 촉촉하게 씹히면서 여러 가지 채소들의 사각거림이 참 좋다. 후추 향이 살짝 돌아 개운하기도 하다. '튀긴 빵과 오이냉채'는 고소하게 튀긴 빵과 새콤한 소스를 얹은 오이냉채의 싱그러운 식감이 조합을 이루는데, 간식이나 디저트 샐러드로도 근사하겠다.

'가지튀김'은 겉은 바사삭 기분 좋게 씹히고 안은 아주 부드럽고 간이 잘 맞다. 풍부한 가지 향도 물씬 난다. '닭고기 땅콩볶음'은 닭고기의 단맛과 땅콩의 고소한 맛이 제대로 어우러진다. '토마토계란볶음'은 달걀의 진한 감칠맛과 토마토의 신선하고 달콤한 맛이 묘한 궁합을 이루며 산뜻한 맛을 낸다.

'감자볶음'은 우리네 감자볶음과 조리법이 같다. 짭조름하고 사각거리는 식감이 밥과 잘 어울린다. '청경채두부탕'은 두부에 간이 잘 배여 간간하면서도 담박하다. 국물은 시원하면서 청경채와 숙주는 싱싱하게 아삭거린다.

모든 음식이 우리 입에 착착 감길 정도로 익숙하고 맛있다. 이는 부산화교들이 먹는 일상음식들이 기름진 중국 본토음식과는 살짝 다르고, 화교들도 그들의 삶터의 입맛에 반응하고 있다는 반증이기도 하겠다. 경상도 화교들은 맵고 짠 양념에, 전라도 화교는 다양한 감칠맛에, 서울에는 양념의 담백함에 오래도록 노출되면서, 각각의 맛을 선호하게 되었다는 점도 간과할 수 없다.

그런 의미에서 부산화교의 일상음식도, 부산의 식재료와 부산음식문화에 서서히 융화되어 가고 있다고 볼 수 있다. 그들의 밥상에 김치와 더불어 김치찌개와 된장찌개가 곁들여지고, 겨울에는 동태탕을 시원하게 끓여서 먹는 등의 밥상 변화도 주목할 만하다. 외식을 할 때면 돼지국밥과 밀면, 꼼장어 등을 즐겨 먹고, 이에 곁들여 산성막걸리를 즐기는 사람도 많다고 한다.

물론 이는 모든 화교들의 음식문화에 다 적용할 수는 없다. 일부

튀긴 빵과 오이냉채
가지튀김, 청경채두부탕

의 화교들 음식 기호가 그렇다는 이야기이다. 그러나 모든 문화는 이질의 것들이 서로 충돌하면서, 필요하고 이로운 점들을 차용, 보완, 발전시켜 나가는데, 이는 식문화도 마찬가지이다.

디아스포라. '흩뿌리거나 퍼트리다'의 그리스 말이다. 식물의 씨앗이 모체에서 떨어져 나가 사방으로 흩어지는 것을 상징하기도 한다. 자의든 타의든 고국을 떠나 전 세계를 정처 없이 떠돌아다니는 사람들을 총칭하는 말이기도 하다.

한국의 화교들도 '디아스포라'들이다. '이역의 땅' 한국에서 그들이 살아온 일생은 순탄하지만은 않았다. 언어와 관습, 문화와 음식…. 이 모든 것들이 낯설었을 사람들. 때문에 그들의 뒷모습에는 디아스포라의 회한이 짙게 깔려 있다.

잊지 말아야 할 것은 이들도 우리의 이웃이라는 것이다. 비록 이역의 땅을 고향 삼아 살아가는 디아스포라들이지만, 우리의 문화를 공유하는 식구인 것이다. 그들의 음식 또한 마찬가지로 기본은 중국식이지만 묘하게도 부산의 성정을 많이 닮았다. '디아스포라 음식'의 특성이기도 하다.

그들은 서서히 우리지역의 식재료와 음식문화의 영향을 받아 우리식 화교음식을 새로이 만들어가고 있다. 부산식 식문화와 어울리며 '부산의 화교음식'이 보편화되고 있는 것이다. 이제 그들의 음식을 '부산음식의 범주'에서 살펴봄으로써 '부산음식의 지평'을 넓혀가야 할 때이다.

초량 외국인거리 요리

초량 외국인거리는 우리 현대사의 질곡이 무거운 더께로 앉아 있는 곳이다. 한때 청나라 조차지였던 '청관'이 있었고, 한국전쟁 이후에는 속칭 '텍사스'라는 미군 출입 유흥가와 집창촌이, 러시아와 수교 후에는 러시아인 보부상들이 드나드는 거리로 변천해왔다. 지금은 러시아인, 중국인, 동남아인들이 즐겨 찾는 외국인 관광거리로 정착하고 있다.

이곳에는 다양한 외국음식 전문점들이 성업 중인데, 중화요리전문점을 비롯하여 러시아요리, 우즈베키스탄요리, 필리핀요리 등을 선보이는 식당들이 있다. 이 가게들은 외국인뿐만 아니라 내국 관광객들의 입맛까지도 사로잡고 있다. 이들 중 입소문 난 대표적인 외국음식점 몇 곳을 '맛 산책'하듯 소개하고자 한다.

상해거리 사거리에 있는 '사마르칸트(SAMARKAND)'는 러시아음식과 우즈베키스탄음식을 곁들여 파는 식당이다. '사마르칸트'는 우즈베키스탄의 고도(古都)의 이름이다. 실내에 들어서면 화려한 색감의 러시아와 우즈베키스탄 민속벽화가 이국적 정서를 자아낸다.

러시아 맥주 '사리밀릭'으로 입가심을 하고 있으니, 양고기 수프(바라니나 수프)가 먼저 나온다. 양갈비와 감자, 홍당무, 누트 콩 등을 넣고 푹 끓여낸 수프다. 우리나라의 진한 곰국 맛이 난다. 푹 익힌 양갈비가 부드럽고 진한 풍미를 자아낸다.

곧이어 우즈베키스탄 전통 양고기 빵인 '삼사'가 나온다. 겉은 딱딱하고 안은 부드러우면서, 양념이 잘된 양고기 소가 잘 어울린다. '삼사' 위에 토마토, 피망 등 야채가 듬뿍 들어간 러시아 소스를 얹어 먹으니, 고소하고 담백하고 상쾌한 맛이 서로 어우러져 맛이 좋다.

30여 분 후 샤슬릭이 나온다. 샤슬릭은 러시아에서 널리 먹는 꼬지 요리로, 이곳에서는 다섯 가지 꼬지요리를 맛볼 수 있다. 양고기, 닭고기, 소고기, 간, 양갈비 등을 숯불에 구워낸다. 그중 '꾸리싸(닭고기)'와 '바라니나(양고기)'를 맛본다. '꾸리싸'는 우리의 장작구이통닭처럼 구수하면서도 담박한 식감이, 바라니나는 쫄깃하면서도 웅숭한 식감이 흐뭇하다.

'샤슬릭'에 곁들여 러시아 보드카 '삐아띠 오젝'을 한 잔 마신다. 차디찬 지하수 느낌의 첫맛에, 불길이 치솟는 듯 뜨거운 뒷맛이 꽤나 강렬하다. 이 샤슬릭과 보드카는 비록 거칠고 부박한 맛의 조합이지만, 광활한 시베리아의 야성의 맛이 광대하게 펼쳐지는 게 특징이다.

상해거리 중간쯤에 소재한 '우츠쿠둑'은 우즈베키스탄음식 전문점이다. '우츠쿠둑'은 우즈베키스탄 중부지역에 소재하고 있는 도시 이름이다.

우츠쿠둑의 대표요리 '까잔카봅'을 맛본다. '까잔카봅'은 가마솥에서 쪄낸 양갈비와 삶은 감자, 얇게 썬 양파를 곁들여 먹는 양갈비찜 요리다. 양갈비 한 점 크게 잘라 입에 넣는데, 부드럽고 고소한 맛이 소갈비찜 저리 가라다. 붉은 파프리카 소스를 듬뿍 올려 먹으니 상큼하고 신선한 맛이 양고기의 느끼함을 잡아준다.

샤슬릭
까잔카봅, 삼사

매운 수프에 양고기, 각종 야채를 넣어 만든 수제칼국수 '라그만'은, 얼큰한 소고기국 베이스의 칼국수를 연상케 한다. 어떤 이는 양고기의 짙은 맛 때문인지, 해장국 맛이 난다고 한다. 국물이 맵고 진한 것이 일품이다. 커브르마라그만(볶음칼국수)도 칼칼하니 괜찮다.

'우즈베스키 블로프'는 우즈베키스탄의 대표적인 볶음밥이다. 쇠고기, 양고기와 같은 육류에 당근, 양파, 즈라(커민)씨앗, 향신료를 첨가해 밥과 함께 볶아 만든다. 밥알이 하나하나 살아서 제각각의 독립된 맛을 품고 있는데, 강한 향신료가 특색 있는 맛을 낸다. '발티카 맥주'와 함께하니 안주로도 훌륭하다.

음식을 먹고 난 후, '차이(녹차, 홍차)'를 한 잔 마신다. 녹차에 레몬을 넣어 상쾌하기 이를 데 없다. 한 잔 입에 머금으니 입안의 기름기를 없애고 속을 다스리는 역할을 한다.

'포향호채(包香好菜)'는 중화요리를 파는 식당. '샤오롱바오(小籠包)'와 '멘바오샤(炸虾吐司)'가 대표음식이다. '샤오롱바오'는 대바구니에 익혀 먹는 중국만두로, 촉촉한 육즙을 넉넉하게 포함한다. 얇은 피 속 고기 국물이 꿀렁꿀렁한 '샤오롱바오'를 입에 넣으면, 뜨겁고 구수한 육즙이 한꺼번에 터져 나오며 물결을 이룬다.

'멘바오샤'는 부드러운 빵 사이에 새우살을 푸짐하게 넣고 샌드위치처럼 만든 후 튀긴 요리다. 겉은 바삭바삭하면서 안은 순살 새우소가 부드럽게 씹히는데, 그 고소함이 어디에도 비할 바가 없을 지경이다. 연이어 몇 점을 정신없이 먹게 되는 극강의 요리로, 먹다가 기름지다 싶을 때 초간장 소스에 양파 한 점 찍어 먹으면 그 신선한 고소함이 입안을 다시 싱그럽게 가셔준다.

필리핀 요리 전문점 '마부하이(MABUHAI)'는 우리말로 '환영', '어서오세요.'라는 뜻이다. 다양한 '실록(Silog, 달걀프라이 볶음밥)'과 필리핀 전통음식들을 맛볼 수 있다. 필리핀 맥주인 '산미구엘'과 '레드호스'도 함께 곁들일 수 있다.

필리핀 볶음밥을 '시낭각(Sinangag)'이라 하는데, 볶음밥용 쌀인 '인디카'로 밥을 지어 마늘과 함께 넣고 볶는다. 그대로 먹으면 간이 삼삼하기에 간장과 식초를 뿌리고 달걀프라이(itlog)를 밥에 올려 먹는데, 이를 줄여서 '실록'이라 부른다. '실록'은 여러 음식들을 곁들여 세트로 먹는데, 곁들여지는 음식에 따라 음식 이름이 달라진다. 주로 소고기, 돼지고기, 닭고기, 생선 등 굽거나 튀긴 음식을 곁들인다.

'탑실록(Tapsilog)'과 '칼데레타(Kaldereta)'를 주문한다. '탑실록(Tapsilog)'은 '시낭각'에 소고기를 살짝 건조시켜 만든 '타파(tapa)'와 달걀프라이를 추가한 구성이다. 고소한 버터의 향과 마늘 향이 그윽한 밥 위에, 불고기처럼 볶은 소고기를 올렸다. 계란 노른자를 터뜨려 비벼 먹으니 짭조름하고 고소한 불고기덮밥이 떠올라 낯설지가 않다.

'칼데레타(Kaldereta)'는 필리핀 전통음식으로, 필리핀에서 결혼식이나 생일 등 특별한 행사 때 많이 만들어 먹는 음식이다. 돼지고기나 소고기등에 각종 채소, 토마토페이스트 등을 넣고 끓인 '비프커리스튜' 형식의 걸쭉한 국물요리다.

향긋한 향신료에 고기의 진한 맛과 상쾌한 채소의 맛이 잘 어울고, 큼직한 고깃덩어리가 넉넉하게 들어가 있어서 안주로도 괜찮겠다. 대체적으로 간이 세기에 부산사람들의 입맛에도 딱이겠다.

우리 부산은 지역적 특성상 이질적인 타 문화에 관대하고 포용적이다. 부산이란 타향에서 부산사람이 되고, 이 부산사람들이 새로운 부산식의 문화를 일구어 나가기 때문이다. 부산의 식문화도 마찬가지다. 타지의 음식문화가 다양한 경로로 부산에 유입되고, 부산식으로 식습관화되어 '부산음식'이 되는 곳이 부산이다. 문화는 서로의 필요에 의해 수용하고 교류하는 것. 외국인 거리의 이국음식들 또한 '부산식 글로벌푸드'로서 부산의 식문화에 어떤 영향을 미칠지 두고 볼 일이다.

물회

예부터 우리 조상들은 초복, 중복, 말복의 삼복을 절기로 정하여 여름 더위를 경계케 했다. 더위로 건강을 해치는 일을 우려했기 때문이다. 또한 오래전부터 우리 민족은 여름을 이겨내기 위한 방편으로 특별한 음식을 만들어 먹곤 했다.

특히 삼복이 다가오면 서로 보양음식을 권하며 같이 어울리는 것이 우리 민족의 예법 중 하나였다. 이때 먹는 음식을 '복달임음식'이라 하여 귀하게 여겼는데, 그 대표적인 것이 일명 '보신탕'이라 불리던 '개장국'과 닭에 인삼을 넣고 푹 끓여낸 '삼계탕'이다.

그 뒤로 잉어와 자라를 고아 만든 '용봉탕'이나 '민물장어탕', '흑염소수육', '전복죽' 등도 손꼽히는 복달임음식 중의 하나였다. 고열량의 음식으로 원기를 회복하고 잃어버린 입맛 또한 찾는 두 가지의 여유를 만끽한 것이다.

이처럼 복달임음식은 대부분 이열치열의 음식으로 구성되어 있다. 그러나 잠시 잠깐의 더위를 피하기 위해서는, 차가운 음식의 유혹 또한 지나칠 수 없다. 차가운 육수의 면음식도 좋고, 바다에서 나는 찬 성질의 해산물로 몸을 식혀도 좋을 것이다.

그중에서 새콤달콤하면서도 얼큰 시원한 '물회' 한 그릇 뚝딱 하는 것만큼 여름철 별미도 더 없었을 듯싶다. 체력이 떨어지는 여름철, 해산물의 풍부한 영양소를 섭취하면서 몸의 열기를 가라앉히고, 자극적인 양념으로 입맛까지 돋우는 안성맞춤의 지혜로운 음식이 '물회'이다.

'물회'의 사전적 의미는 "갓 잡아 올린 생선이나 해산물을 생으로 잘게 썰어서, 파, 마늘, 고춧가루 따위의 양념으로 버무린 뒤, 물을 부어서 먹는 음식"이다. 보통 바다를 끼고 있는 해안지방에 발달한 음식으로, 제주를 비롯한 남해일원과 포항이나 부산, 속초 같은 남동해안지역에 널리 분포하고 있다.

물회는 해안가 어부들이 뱃일을 하다 출출할 때 한 그릇씩 먹던 '노동음식'이 그 시작이었다. 갯가에서 손쉽게 얻을 수 있는 해산물을 숭덩숭덩 썰어 넣고, 찬물에 된장 풀어 대접째 훌훌 들이마시듯 먹음으로써 '끼니를 잠시 속이던 음식'이었던 것이다.

가난한 시절 갯가마을에서 적은 양의 해산물로 끼니를 때우기 위해 채소로 양을 늘려 먹던 음식이기도 했다. 갯가에서 손쉽게 얻을 수 있는 해산물과 텃밭의 야채를 손에 잡히는 대로 집어넣고, 부뚜막의 양념으로 설렁설렁 비벼 먹었던 '고난의 음식'이 물회였다.

때문에 물회는 살이 무르고 풍미가 떨어지는 생선이나 어획량이 많아 가격이 떨어지는 생선을 주재료로 사용했다. 말 그대로 허접한 식재료를 양념 맛으로 먹었던 음식이었다. 동해안의 '미주구리'라 불리는 '기름가자미'와 제주도의 '자리돔', 부산의 '눈볼대' 등이 대표적이다.

하지만 요즘 들어서 물회가 특별한 제철별미로 각광을 받으며 식재료도 다양해지고 고급화되는 추세이다. 도다리, 가자미, 우럭, 노래미, 쥐치, 도미 등 흰살생선의 대부분과 해삼, 멍게, 오징어, 한치, 전복, 소라, 성게 알 등 해산물 또한 그 재료로 사용한다. 최근에는 생선회와 각종 해산물을 섞어서 만드는 '해산물모듬물회'와 참치나 소고기육회를 물회를 만들어 먹는 '퓨전물회'가 등장하기도 했다.

앞서 말했지만 물회는 그 지역에서 풍부하게 생산되는 해산물을 그 지역의 조리법으로 만들어 먹기에, 각기 다양한 맛의 특성을 가지고 있다. 그렇기에 각 지방마다 '물회'의 조리법과 재료는 천차만별이다.

지역을 대표하는 물회로는 동해안의 '가자미물회'와 '오징어물회', '해산물 모듬물회'가 있고, 제주도에서는 '자리물회'와 '한치물회', '전복소라물회'가 있다. 서해안에는 '굴물회'가 유명하다.

동해식 물회는 새콤달콤한 살얼음 육수를 먹기 전에 부어서 맛을 내고, 제주식 물회는 육수에 된장을 풀어 고소하고 담담하다. 부산은 주로 고추장으로 양념을 하므로 맵고 자극적인 것이 특징이다. 이처럼 각 지방마다 즐겨 먹는 물회는 제각각이다.

부산은 '자리물회'나 '가자미물회', '오징어물회', '한치물회', '소라전복물회', '해산물모듬물회' 등 전국의 다양한 물회를 모두 맛볼 수 있는 지역이다. 동해권과 제주권의 중간에 위치해 있는 지정학적 여건도 그러하거니와 각 지역에서 부산으로 이주한 이주민들에 의해 자연발생적으로 자리 잡은 음식이 '부산의 물회'이다. 때문에 부산을 '물회 전시장'이라 불러도 이상할 것은 없겠다.

부산에 물회집들이 집단화된 곳으로는 영도 남항동 인근의 '물회집골목'이 유명하다. 제주식 '자리물회'와 동해식 '오징어물회'를 하는 곳도 더러 있지만, 대부분 '눈뽈대물회'를 내놓아 부산식 '눈뽈대물회'의 원조지역으로 손꼽히고 있다. 1970년대부터 하나둘 생겨나기 시작해 오래된 집은 벌써 40여년을 훌쩍 넘은 곳도 있다.

물회의 먹음직스러운 자태를 살펴본다. 대접에 무와 오이, 배를 보기 좋게 채 썰어 놓고, 그 위에 빨간 '눈뽈대회'를 소담스레 얹었다. 그리고 마늘, 땡초, 파, 등을 다져서 주위에 알록달록 둘러놓고, 그 위에다 통깨를 뿌리고 참기름 몇 방울도 고소하게 떨어뜨려 놓았다.

이를 태양초 고추장을 듬뿍 떠서 얹고, 식초 두어 숟갈 부은 뒤 흑설탕을 입맛에 맞게 넣은 후 함께 쓱쓱 비벼서 먹는다. 입안을 다실 국은 '눈뽈대맑은국'이다. 그 맛이 고소하고 시원해 해장국으로도 손색이 없다. 먹다 남은 물회에 밥을 쓱쓱 비벼 상추나 깻잎 등에 쌈을 싸서 먹기도 한다.

가난한 시절 상품이 안 되는 작은 생선이나 파절된 생선, 저가의 생선에 채소를 더해 양을 늘려 설렁설렁 들러마시듯 한 끼 때웠던 음식, 물회. 요즘은 어엿한 고급메뉴로, 귀한 해산물과 다양한 레시피로 고객을 끌어들이는 별미음식이 되었다.

특히 다종다양한 해산물이 풍부한 부산은 각종 '별미 물회'를 맛볼 수 있는 지역이다. 또한 물회는 무더운 여름철, 입맛 없는 이들에게 또 하나의 부산음식으로 각광받을 수 있는 음식콘텐츠이기도 하다. 부산식 물회의 개념 정의와 '부산물회'의 개발, 개량화가 필요한 시점이다.

모둠생선물회
동해식해물물회, 오징어물회

해녀촌

부산 바다를 건져 올리다

부산은 제주에 이어 해녀들의 활동이 가장 왕성한 지역이다. 동서로 뻗은 긴 해안선과 풍부한 해산물, 그리고 대도시의 소비성이 그 이유이다. 부산은 1960~70년대 급격한 산업화가 이루어지는데, 이때 호남지역과 제주지역의 사람들이 부산으로 집단이주를 해왔다.

특히 제주사람들은 부산의 수산업 및 조선 산업의 발달로 인해 그 이주의 폭이 컸다. 이때 제주 출신의 해녀들이 가족과 함께 부산에 정착하거나 부산에서 가정을 이루었는데, 주로 영도를 비롯한 부산 해안 전 지역에 자리를 잡는다.

현재 부산의 해녀로 종사하고 있는 사람은 대략 1천여 명. 이 해녀들 대부분이 제주 출신들로, 젊은 시절 제주에서 부산으로 정착한 이들이다. 거의가 60~70대로, 80대의 원로해녀도 상당수 활동하고 있다.

이들 해녀는 기장의 일광, 대변 등 부산 동부 해안을 시작으로 해운대, 광안리, 용호동, 영도, 송도 지역을 거쳐, 서부 해안의 다대포, 가덕도에 이르기까지 부산의 주요 해안에 광범위하게 분포하고 있다.

특히 기장 학리, 대변, 연화리와 용호동 오륙도 선착장, 영도의 태종대와 동삼중리, 송도와 다대포 등에는 '해녀촌'을 이루고 있을 정도로 그 활동이 활발하다. 해녀들은 매일 오전에 두어 시간씩 '물질'

을 한다. 그래서 해녀촌을 일찍 찾으면 해녀들이 물질하는 모습과, 그들이 '휘~휘~' 내쉬는 휘파람 같은 '숨비소리'도 들을 수 있다.

이렇게 물질을 해서 채취하는 해산물은 계절마다 차이가 있지만, 대략 10여 가지쯤 된다. 멍게와 해삼, 소라, 문어, 낙지, 전복 등이 있고, 다른 곳에서는 먹기 힘든 성게 알, 군소, 돌멍게, 돌낙지도 있다. 그리고 직접 채취한 홍합으로 '홍합국'도 끓여내고, 고둥도 삶아낸다. 부산 바다에 있는 해산물은 죄다 해녀촌에서 맛볼 수 있는 것이다.

그중 활성화가 잘 된 해녀촌이 영도의 '동삼중리 해녀촌'과 기장의 '연화리 해녀촌', 송도의 '암남공원 해녀촌' 등이다.

동삼중리 해녀촌은 해녀들의 시끄러운 제주도 사투리로 떠들썩한 곳이다. 열대여섯 명의 제주 출신 해녀들이 옹기종기 모여서 해산물을 팔고 있다. 주로 70~80대의 아낙들인데, 이들이 잡아주는 해산물을 먹기 위해 전국에서 식객들이 몰려들 정도로 유명한 곳이다.

암남공원 해녀촌은 암남공원 주차장 옆에 있다. 이곳은 주차장이 들어서기 전부터, 경치 좋은 해안에 천막을 치고 해물을 팔았던 곳이다. 그 시절 암남공원 해변에는 많은 해녀들이 물질을 했는데, 이들이 잡은 해물은 아주 싼 값에 송도 관광객들에게 제공되었다.

연화리 해녀촌은 싱싱한 해산물 이외에도, 해녀들이 직접 채취한 전복으로 끓여내는 전복죽이 맛있기로 유명하다. 푸르스름한 빛깔이 군침을 돌게 하는 전복죽인데, 한 술 떠먹어보면 고소하면서도 깊게 감치는 맛이 아주 일품이다.

몇몇 지인들과 동삼중리 해녀촌을 찾았다. 주말이라 많은 이들이 해녀촌을 찾아 북적인다. 단골집에서 '해물모듬'을 시킨다. 이런저런 해물이 한 접시 가득이다. 모든 해물들이 맛있게들 꿈틀거린다.

우선 멍게와 해삼으로 한 접시 갖다 놓는다. 이어서 차례로 뿔소라, 문어숙회, 삶은 고둥 등이 3개의 접시에 나뉘어 등장한다. 그리고 단골에게만 주는 보너스 코스. 성게알과 군소, 맵싸한 담치국이 그 대미를 장식한다. 무려 10여 가지의 자연산 해산물 4접시가 풀코스로 상에 올라 '해산물 식탁'을 완성한다.

이들을 앞에 두고 소주 한 잔 기울인다. 소주 한 잔에 각각의 해물이 기껍다. 쫄깃쫄깃, 오독오독, 살강살강…. 해물마다 씹는 맛이 각기 달라서 좋다. 입안 가득 향긋하고 그윽한 갯내음이 온통 진동을 한다.

우선 문어숙회를 한 입 먹어본다. 살아 있는 문어를 즉석에서 삶았기에 그 맛이 부드럽고 쫀득쫀득하면서도 담백하다. 먹통을 입에 넣는다. 씹을수록 달콤하면서도 구수하다. 보라성게 알도 맛본다. 부드러운 알이 입에 넣자마자 스르르 녹는다. 고소하면서도 쌉싸래

돌멍게잔, 해산물 식탁

하고 향긋하면서도 진한 맛이다. 해감 냄새가 입안으로 가득 넘실거린다.

해삼은 탱글탱글하여 씹을 때마다 '꽈득꽈득' 그 싱싱함이 차돌 같다. 뿔소라회는 오독오독 식감이 재미나고, 멍게는 쌉쌀한 맛이 향기롭다. 방금 삶은 고둥을 큰 양푼 가득 내온다. 아무 것도 가미하지 않고 고둥 자체만으로 삶아, 들큰하고 고소하다. 고둥 특유의 향이 물씬 난다.

그리고 마지막 입가심~! '땡초 넣은 홍합탕'을 맛본다. 통통한 홍합 살이 제대로 익었다. 소주 한 잔에다 홍합 까 먹는 재미가 여간 쏠쏠한 게 아니다. 진한 감칠맛에 여기저기서 '음~!' 하는 탄성이 터진다. 국물 맛을 본다. 땡초를 썰어 넣었기에 우선 알싸하다. 그 뒤로 웅숭깊은 시원함이 밀려온다. 한참을 떠먹을 정도로 중독성이 강한 조개 국물이다.

술자리가 거방해지자 특유의 한량기질이 도진다. "아즈망, 돌멍게껍데기로 술잔 몇 개 만들어 줍서게." 서툰 제주 사투리로 호기롭게 '돌멍게껍질술잔'을 부탁한다. 곧이어 돌멍게 술잔에 술이 '꿀꿀꿀꿀' 넘쳐난다. 이 돌멍게잔으로 술이 몇 순배 돈다.

도도한 주흥으로 주위를 둘러본다. 깎아지른 듯 펼쳐져 있는 봉래산의 바위들이 바다로 쏟아져 내릴 듯 아슬아슬하다. 멀리 수평선 너머로 나무섬, 형제섬이 그림자 같은 대마도를 배경으로 둥둥 떠다닌다. 저녁 무렵에는 바다를 온통 붉게 물들이는 노을 속에서, 불타는 소주 한 잔으로 신선놀음의 방점을 찍어보는 것도 큰 재미겠다.

요즘 부쩍 부산의 해녀촌을 찾는 관광객들이 늘어났다. 부산 해녀들에게 쏟는 관심이 제주해녀에 못잖다. 여러 해안에 걸쳐 해녀촌이 집단화되어 있고, 해녀 종사자들도 적지 않기에 관광자원으로서의 가치가 커진 것이다.

그러하기에 지자체에서도 매년 해녀들의 복지개선에 노력하고 있다. 해녀복을 교체해준다거나 해녀가 물질할 때 부이로 사용하는 테왁을 제공하기도 한다. 해녀들의 탈의실 겸 해산물 판매장으로 활용되는 해녀복지회관도 여러 곳 제공했다.

그럼에도 불구하고 부산의 해녀 수는 갈수록 줄어들고 있다. 해녀들의 고령화 때문이다. 노동환경의 열악함과 신규 해녀 충원의 어려움, 연안의 어족자원 감소 등도 한몫하고 있기도 하다.

'부산의 해녀'는 부산관광자원의 '블루칩'이다. 이들을 잘 관리하면 제주해녀에 필적할 강력한 문화자원이 될 것이다. 때문에 이들 해녀의 복지개선과 상설 해녀학교, 해녀촌 건설 등 부산의 해녀문화를 보존, 발전시킬 장기적인 대책이 절실한 때이다.

초량 돼지갈비

부두 노무자들의
영양 보충 노동식

경기도 포천의 '이동갈비'와 수원의 '왕갈비', 서울의 '마포갈비' 등과 더불어, 전국적으로 유명세를 떨쳤던 갈비가 부산지역에 존재한다. '초량갈비'로 불리기도 했던 '초량돼지갈비'가 그것이다. 비록 돼지갈비구이지만 그 명성은 소갈비구이와 견주어도 손색이 없을 정도였다.

오죽하면 부산에서 '돼지갈비 좀 굽는다.' 소문난 집이면, 으레 '초량돼지갈비'라는 간판을 자랑스레 붙여들 놓았을까? 갈빗집 위치가 초량이 아니어도 좋다. 고기가 부드럽고 쫀득하면서, 달콤하고 짭조름한 맛을 제대로 내면, 어디든 상관없이 '초량돼지갈비'집이 된다.

원래 부산은 타도시보다 돼지고기 관련 음식이 다양하게 잘 발달된 곳이다. 부산에 와야 제맛을 볼 수 있는 돼지국밥에서부터 돼지곱창, 돼지감자탕, 돼지족발, 돼지껍데기, 머리고기, 순대… 그리고 '냉채족발'이나 '대패삼겹살'처럼 부산서 개발된 음식도 다수가 된다.

돼지갈비 또한 오랜 세월 사랑 받아온 부산음식 중 하나로, 한때 부산에서는 귀한 손님에게 돼지갈비구이에 소주 한 잔 올리는 것이 최고의 대접이었던 시절도 있었다. 예부터 돼지고기는 '발복(發福)의 음식'으로 인식되었기에 더욱 그러하다. 돼지는 '다산(多産), 다

두툼한 갈비살
깻잎으로 한 쌈

재(多財), 다복(多福)'의 상징이므로, 귀한 손님 접대에는 안성맞춤인 음식이기도 했을 터이다.

특히 '초량돼지갈비구이'는 갈빗살에 배여 있는 지방의 구수함과 근막부위의 쫄깃쫄깃한 육질, 그리고 갈비뼈 속에 배어 있는 풍미를, 높은 화력의 직화로 제대로 구워내기에 그 맛 또한 월등하기도 했었다.

'초량돼지갈비'의 유래는 한국전쟁 시기로 거슬러 올라간다. 전쟁이 끝난 이후 몇 년간 우리나라는 미국을 비롯한 우방들에게 다양한 물자를 원조 받았는데, 이 모두가 부산항을 통해서 들어오게 된다.

그 때문에 이 물자를 부리는 부두 노무자들은 당시 꽤 짭짤한 수입을 올리는 매력 있는 직업이었다. 이들의 생활근거는 대부분 초량산복도로 인근이었기에 현재의 초량시장 근처에는 이들을 상대로 술추렴과 요기를 할 수 있는 식당들이 생겨났다.

부두 하역이 워낙 강인한 체력을 요구하는 노동이었기에, 그들에게는 저렴하면서도 영양이 듬뿍 담긴 음식이 절대적으로 필요했다. 1960년대 들어 이곳 몇몇 식당들이 주위 도축장에서 도축하고 남은 돼지부산물 등을 연탄불에 구워 팔았는데, 이것이 초량돼지갈비 골목의 시초이다.

부산고등학교로 오르는 복개도로 초량상가아파트 옆 골목에 형성되어 있는 초량돼지갈비 골목에는 30~50년 된 돼지갈비식당을 포함해 20여 집이 그 명맥을 유지하고 있다. 모두들 초량돼지갈비 골목에 대한 자부심이 대단하다.

당시에는 연탄불에 갈비를 구워 은근한 고기 맛에 불 맛까지 더해 맛의 풍미가 좋았지만, 지금은 가게에 따라 가스나 숯불등을 사용한다. 대신 갈비를 재우는 방법이나 양념 배합의 비법이 제각각이어서, 집집마다 갈비 맛 또한 달라 흥미진진한 것이 특징이라면 특징이겠다.

초량돼지갈비의 특징은 우선 고기의 신선도에 있다. 거의가 그날 소비될 고기를 갈비짝째 주문하여 그날 소비하기에 그렇다. 그리고 가게마다 각각의 조리법으로 갈비를 직접 재우고 숙성시켜, 가장 맛있는 상태에서 고객에게 제공하는 것도 남다르다.

초량돼지갈비의 특징 중 또 하나는 가게마다 갈비를 재우는 양념의 재료나 숙성도 등은 제각각이지만, 마늘과 생강 등 자연향신료를 푸짐하게 배합하여 고기 특유의 냄새가 적고 풍미가 좋다는 점이다.

그리고 초량돼지갈비는 고기의 두께가 다른 곳에 비해 두툼하다. 두툼해야 육즙이 풍부하고 씹는 식감도 좋아지기에 그렇다. 육즙이 풍부해야 신선하고 고소한 맛도 도는 법이다. 예로부터 "고기는 씹는 맛"이라 했다. 부드러우면서도 입안 가득 풍성하게 씹혀야만 "고기 씹는 맛"이 기꺼운 것이다.

요즘에는 갈비부위 외에도 돼지고기의 다양한 부위를 함께 재워 맛있게 구워내는데, 그래서인지 부위별로 한 점씩 집어 먹을 때마다 각각의 다른 식감과 맛으로 '먹는 재미'가 흔쾌하기도 하다.

골목 안쪽 소문난 돼지갈비식당에 자리를 잡는다. 두툼하게 썰어낸 돼지갈비가 한 접시 상 위에 오른다. 치지직~ 불판에서 갈비가 특유의 달콤하고 고소한 냄새를 내며 익어간다. 갈비구이는 처음에는 강한 불에 구운 후, 약한 불에서 서서히 속까지 익도록 구워야 맛있는 법. 적당하게 익은 고기 한 점을 입에 넣는다. 씹을 때마다 육즙이 한입 가득이다. 온 입으로 구수함이 진동을 한다.

깻잎에 돼지갈비를 두어 점 얹고, 마늘과 땡초 올려 쌈을 싸 먹는다. 마늘의 향긋하고 개운함과 땡초의 알싸함이 돼지갈비의 고소한 육즙과 어울리며 맛있는 조화를 이룬다. 더불어 깻잎의 풋내가 뒤를 받쳐주며 개운함으로 마무리가 된다.

한참을 먹다 고기가 질릴 때쯤 파 겉절이와 함께 고기를 얹어 먹는다. 파 특유의 상쾌함이 고기의 달콤함과 환상의 궁합을 이룬다. 잘 익은 백김치에 싸 먹기도 하고, 다양한 장아찌와도 함께 먹는다. 입안의 기름진 식감이 기분 좋게 가신다. 고기를 다 먹고 나서는 갈비양념에 밥 한 술 비벼 먹어도 좋을 듯하다.

1980~1990년대까지 부산 최고의 음식으로 전성기를 누렸지만, 소득수준의 향상과 외식문화의 다변화로 인해 쇠퇴의 길을 걸었던 초량돼지갈비. 그러나 '먹방시대'를 맞아 부산대표음식으로 다시금 소개되면서 젊은 층과 가족 단위의 가족들이 즐겨 찾는 외식음식으로 인기를 끌고 있다.

특히 '부산 먹거리 투어'의 필수코스로 알려지면서 관광객들이 줄을 서서 먹을 정도의 '핫 플레이스'가 되었다. 외부 관광객들과 젊은 취향의 입맛에 따르려는지 단맛이 강해지는 불편함이 다소 있기는 하지만, 부산의 역사와 함께 해온 '초량돼지갈비의 재조명'은 환영받아야 할 일일 터이다.

국제시장 통술집

창원시 마산 일대에는 전국적으로 유명한 '통술'을 파는 '통술집 골목'이 있다. 전주의 '막걸리 골목', 통영의 '다찌', 부산의 '푸짐한 집' 등과 함께 20여 가지의 이상의 풍성한 안주를 제공해 술꾼들을 끌어모으고 있는 곳이다.

따로 안주 값을 받지 않고 '술상을 통째 제공한다.' 해서 통술이라 한다. 마산 통술집의 특징은 해산물 안주가 풍성하다는 것인데, 특히 말린 아구찜은 전국을 대표하는 향토요리로 각광받고 있다.

그러나 전국적으로 유명세를 타고 있는 창원의 통술집의 원조가 부산이라면 어떻게들 생각할까? 창원사람들에게는 섭섭하게 들릴지 모르겠지만 문헌상으로 통술의 시작은 부산에서부터이다.

> 한국동란으로 인한 1·4후퇴 이후 부산이 피난민 천지가 되었을 때 국제시장 신창동 2가 한 모퉁이에 창고를 빌려 개조하여 창문 몇 개를 낸 주점이 생겨났다. 어두컴컴하고 널찍한 시멘트바닥에 빈 간장통(둥글고 큰 나무통) 10여 개를 술상으로 삼고 아무렇게나 짜 맞춘 긴 나무의자에 앉아 막걸리 반 주전자에 5백 원, 두부, 묵, 말린 생선 등의 50원짜리 안주를 놓고 피난살이 서러움을 얘기하고 '굳세어라 금순아' 노래를 목이 터져라 불러댔다. _주경엽, 『부산이야기 99』

> 통술집은 무거웠던 머리를 식히고 가볍게 오가는 대화의 장이었다. 어찌해서 통술집이라 했을까? 미군이 버린 기름통인 드럼통을 거꾸로 세워 술판을 만들어 그랬을까? 아니면 막걸리통이 통째로 오가서 그랬을까? 어쨌든 마른 명태와 마른 오징어와 두부와 깍두기 안주에 막걸리의 대중적이자 실용적인 통술집은 남포동에서 비롯되었다. _최해군, 『작가 최해군, 문단이야기』

위 두 사람의 문헌에서 보듯이 임시수도 시절 대한민국 부산에 통술집이라는 술집이 새로이 등장한 셈이다.

뿐만 아니라 1974년 경향신문 4월 4일자에 게재된 정년퇴직한 석학들의 회고기 『노교수와 캠퍼스와 학생』이란 연재물 중, 한구동 전 서울대 약대학장의 '통술집서 떠오른 연구테마'라는 회고칼럼에 의하면, 부산피란시대의 통술집을 기술한 대목이 있다.

"국제시장 도떼기시장 안에는 음식점들이 즐비했는데, 판잣집으로 된 통술집은 애주가의 안식처인 양 항상 술꾼들이 만원을 이루고 있었다."면서 그 통술집서 교수들과의 '막걸리심포지움' 중 '한국인의 미맹(味盲)'을 밝혀냈다고 서술한다. 즉 '한국인들의 맛의 색맹' 연구의 단초를 통술집에서 떠올렸다는 것이다.

이처럼 부산은 해방 후 본국으로 돌아온 일본 귀환동포 예술가와 한국전쟁 때 피란 온 전국구 예술인들이 일시에 몰려, 한때 대한민국 최고의 예술도시로 거듭났다. 당시 예술가들과 문화지식인들은 '통술집'이나 '대폿집' 등 '문화사랑방'에서 술추렴을 하며 새로운 문화 재생산의 시간을 보냈던 것이다.

이렇게 통술집은 1950년대 부산에서 문화지식인들의 삶의 해방구가 되어주었고, 이 통술집을 중심으로 시작된 '문화사랑방'들은 60~80년대 남포동, 광복동에 널리 자리 잡았다가 1990년대부터 동광동으로 자리를 옮겨 현재 몇몇 집이 영업을 하고 있다.

국제시장 1공구. 이곳에는 '문화사랑방'과는 궤를 달리하지만, 아직도 통술을 파는 통술집이 존재하고 있다. 일명 국제시장 '통술집 골목'이다. 지금은 거의 서면지역에 발달한 '푸짐한 집'과 비슷하게, 서너 평의 공간에 통나무테이블 대여섯 개가 옹기종기하고, 계절에 맞춰 다양하고 맛깔진 안주 15~20접시 정도가 술상에 오른다.

현재 고만고만한 다섯 집이 어깨를 나란히 하고 영업하고 있는데, 20~30년 전만 해도 10여 집이 저녁마다 문전성시를 이뤘다. 당시 손님이 넘쳐나는 통에 자리가 없어 되돌아가거나, 가게 앞에 맥주박스와 나무합판으로 즉석술상을 만들어 손님을 받을 정도였다.

이곳에서 40여년 가까이 영업을 한 '거창집' 김정옥 씨가 말한다.
"잘은 몰라도 통술집이 이곳에 자리 잡은 것이 50~60년 정도는 됐을 거라예. 제가 1980년 초반부터 장사를 했는데, 먼저 하던 언니들이 모두들 20년 정도 했다고 했으니까예."

한때 이곳은 국제시장 상인부터 부산의 예술가들, 시청과 법원 공무원들, 호주머니가 가벼운 샐러리맨들에 이르기까지 일상에 지친 사람들의 푸근한 사랑방이자 마음의 안식처를 자처했다. 좁은 점포에서 긴 나무테이블을 놓고 그곳에 자리 구분 없이 오는 순서대로 앉아 하루의 일상을 이야기 하거나 나름의 철학을 설파하기도 했던 것이다.

오랜만에 통술집을 찾는다. 통술 한상 5천 원 할 때부터 드나들었으니 현재 3만 원 시절까지 30여 년의 이력이다. 자리에 앉자마자 기본 안주와 술 3병이 자리한다. 주방에서는 감자전과 고추전이 노릇노릇 맛있게 익어가고, 다른 한쪽 불에서는 싱싱한 조기가 지글지글 구워진다.

고둥, 땅콩, 번데기 등은 기본이고, 수제비를 넣은 바지락국과 꽃게, 과메기와 굴젓, 가끔씩 생선회까지 상에 올라 여느 잔칫집 부럽지 않다. 특히 계절에 따라 다양한 안주들이 변화무쌍하게 상에 오르는 것이 나름 재미라면 재미겠다.

본격적으로 통술안주가 상에 오르는데, 겨울철 식재료의 음식들이 눈에 띈다. 겨울에 제공하는 조갯국은 땡초를 넉넉하게 넣어 시원하면서도 칼칼함이 두드러진다. 한 술 두 술 뜰 때마다 그 시원함이 끝이 없다. 출출할 땐 조갯국 안의 쫄깃한 수제비가 끼니로도 좋다.

나박나박 썬 무와 함께 조물조물 무친 굴젓은 겨울철 입맛 돋우는 데는 최고의 반열이다. 매콤짭짤하면서도 들큰하게 고소한 맛이 그저 그만이다. 특히 알배추 위에 굴젓과 까나리육젓 등을 얹어 먹으니 출렁이는 바다 냄새가 물씬 풍긴다. 몸피가 빨갛게 잘 익은 꽃게도 두 마리 접시에 앉았다. 부드럽고 달콤한 게살이 알알이 꽉 차홍겹다.

따뜻하게 지져서 나오는 감자전과 고추전도 괜찮다. 마치 명절에 전을 굽는 어머니 옆에서, 굽는 족족 받아 먹을 때의 맛이다. 바삭바삭하게 튀기듯 구운 조기도 고소하기 이를 데 없다. 보말고동과

통술 한 상
마와 기름장, 조갯국

쪽고동은 쌉쌀하면서도 짭조름해 배부르지 않은 안주로 계속 손이 간다. 꼬막은 쫀득쫀득하면서도 갯벌의 들큰함이 입안으로 속속들이 전해져 흥미롭다.

마는 아삭아삭한 식감에다 참기름소금장에 찍어 먹으면 그 고소함이 대단하다. 대추와 밤을 설탕에 재운 정과도 고급진 안주다. 옥수수는 한 알 한 알 떼 먹는 재미가 쏠쏠하고, 달콤하게 삶은 땅콩은 맥주 안주로 안성맞춤이다.

매일 장을 보기에 기본 안주들 외에는 날마다 조금씩 안주가 바뀌는 것도 매력이다. 취재 때문에 두어 번 연달아 가봤더니, 여러 안주가 새롭다. 구수한 비린내가 일품인 과메기에, 꼬득꼬득 터지며 씹히는 식감이 유쾌한 물메기알무침, 씹으면 씹을수록 고소한 소고기장조림 등이 새롭게 등장한다. 그저 흐뭇한 술상이다.

부산의 현대사, 또는 부산문화사와 함께 변화무쌍한 세월을 지켜냈던 부산의 통술집들. 이들이 거친 세상 속에서 어떻게 사라지고 변화했는지는 논외로 하고, 이들이 우리 부산의 문화계에 어떤 영향을 미쳤는지는 기록으로나, 스토리텔링으로나 남겨야 할 시점이다. 해방 공간, 피란시대에 지친 예술가들에게 '따뜻한 술잔' 한 잔 권했던 통술집들이기에 더욱 그렇다.

부산의 부엌, 조선 최대 공설시장 식도락의 성지가 되다

부평깡통시장

부산은 '시장의 도시'이다. 수많은 이주민들이 지금의 부산을 형성했다면, 이들이 타지에서 생활의 근거를 찾아야 했던 곳이 시장이었다. 먹기 위해서 무엇이라도 팔아야 했고, 살기 위해서 무엇이라도 먹어야 했기에, 부산의 시장은 그만큼 절박함 속에서 시작되었다.

특히 '부평깡통시장'은 '한국근현대사의 그늘' 속에서 그 시작을 알린 대표적인 공간이다. 일제강점기 시절에는 일본인들의 생필품 시장으로 개설된 조선 최대의 공설시장이었고, 한국전쟁의 뒤안길 속에서는 군수물자 암거래시장이었던 '깡통시장'이 성업했던 곳이다. 지금은 부산 최대의 야시장이 부산의 밤을 밝히며 관광객을 맞이하고 있다. 그야말로'부산의 부엌'이라 할 만큼 다양한 음식을 맛보고 즐길 수 있는 식도락의 중심지이면서, 부산을 상징하는 문화관광형 재래시장으로 자리 잡고 있는 것이다.

부평시장은 1910년 제2호 시장(20명 이상의 상인이 한 장소에서 장을 여는 시장)으로 개설되어, 당시 조선 최대의 공설시장으로 유명했다. 이 시장 모퉁이에 백풍가(白風街)라는 골목이 있었는데, 늘 이곳에는 흰옷을 입은 조선 사람들이 일본인 물품을 사기 위해 서성였다. 당시 이국의 물품과 음식들이 신기하고 좋기도 했으리라.

부평시장을 일명 '깡통시장'이라고도 불렀다. 말 그대로 '깡통음식'을 팔던 곳이다. 한국전쟁 당시 부산에 미군이 주둔하면서, 이들이 먹던 깡통음식들이 음성적으로 대거 반출되는데, 이 물건들을 난전에서 사고팔았던 것이 깡통시장의 시작이다. 한때는 외국 밀수품 판매의 근거지이기도 했었다.

부평깡통시장은 부산을 대표하는 음식의 발상지로도 유명한 곳이다. 부산음식문화의 새로운 원형이 태동한 곳으로, 특히 부산어묵과 부산돼지국밥의 발상지로서의 그 위상은 매우 크다. '부산어묵'은 문헌상으로 부산 부평시장에서 처음 시작되었다.

부산어묵은 일본의 '가마보코(蒲鉾, かまぼこ)'라는 음식에서 유래된 것으로, 생선살을 으깨고 반죽해서 튀기거나 찌거나 구운 생선묵 형태의 음식을 말한다. 1915년 부산부청 발간 『부평시장월보』에 따르면, 주요 거래 점포 중에 '가마보코' 전문 점포 3곳을 최초로 기록하고 있다.

부산돼지국밥도 그 원형을 부평깡통시장에서 엿볼 수 있다. 부평깡통시장에 터를 잡은 이북 여인들이 돼지의 대가리와 부산물을 넣고 끓여낸 것이 오늘의 부산돼지국밥의 시작이라는 것. 때문에 지금도 부평시장은 전통의 부산어묵과 부산돼지국밥을 취급하는 곳들이 영업활동을 이어가고 있다.

부평깡통시장 죽 골목도 그 역사가 깊다. 국제시장과 도로 하나를 사이에 두고 인접한 부평깡통시장은, 한국전쟁 시절 미군부대 사람들이 먹다 남긴 잔반을 걷어서 죽을 만들어 팔았는데, 일명 '꿀꿀이죽', 'UN탕'이라고 불리던 음식이다. 당시 꿀꿀이죽은 육식을 위주로 하던 미군들의 잔반으로 끓여냈기에 피란민들의 주요한 단

과일주스
우유튀김, 즉석불고기초밥

백질 공급원 역할을 톡톡히 해냈었다.

이렇듯 부평깡통시장의 '전쟁음식'들은 아이러니 하게도 수많은 피란민들을 먹여 살렸던 부산 특유의 '공유와 배려'의 음식문화를 태동시키는 데 일조를 했다. 같은 값이면 양 많고 싼 음식으로 많은 사람들이 함께하고 나누는 음식이 부산음식의 특징이자 미덕이었다. 이 음식들로 지난했던 시절 굶주린 이들은 가족과 더불어 하루의 끼니를 이어나갔던 것이다.

최근에는 젊은이들 사이에 떠오른 새로운 트렌드의 지역음식이 전국적으로 부평깡통시장을 대변하고 있다. 유부 속에 당면을 넣고 탕으로 끓여낸 '유부주머니 전골'과 구수하고 매콤한 맛에 씹는 맛까지 일품인 '비빔당면', 부산어묵을 잔뜩 넣고 볶아낸 '어묵잡채', 그 외에 '어묵꼬지'와 '떡볶이' 등이 부산을 대표하는 먹거리들로 급부상하고 있다.

2014년부터는 '문화 관광형 시장'이라는 새로운 이름을 덧붙여 '밤의 시장'인 '부평깡통야시장'이 개설되면서 부평깡통시장은 더욱 그 유명세를 타고 있다. '깡통시장'에 어둠이 들면 기존 부평깡통시장 100여 m의 골목에 서른여 개의 상품진열대가 일렬로 속속 들어선다. 어둠이 내리는 무렵부터 자정 가까이까지 시장을 운영하고 있는데, 진열대마다 다양하고 특색 있는 음식을 선보이고 있다.

늘어서 있는 진열대에는 부산의 향토 먹거리와 다문화음식, 색다른 유행의 퓨전 먹거리 아이템이 보기 좋게 진열되어 있다. 천천히 걸으며 그 면면을 살펴본다.

문어와 모차렐라 치즈를 얹은 문어치즈바, 야채에 대패삼겹살을 말아낸 대패삼겹말이, 얇게 저민 소고기를 노릇하게 구운 소고기육전, 가리비 위에 치즈를 올려 구운가리비치즈구이, 치즈를 튀겨낸 우유튀김, 즉석 소고기초밥, 칠게를 튀긴 베이비크랩, 소라구이와 문어구이 등 다양한 꼬지류, 소고기를 먹기 좋게 잘라 소스를 듬뿍 올린 큐브스테이크, 다양한 소스로 볶아낸 돼지곱창과 돼지껍데기, 달달한 디저트 빵과 빵 속에 스프를 담아서 먹는 빠네, 컵에 각양각색의 전구를 반짝반짝 달고 눈으로 먹는 생과일주스 등, 각각의 퓨전적인 특징을 살린 다양한 음식이 셀 수 없이 많다.

또 몇몇 매대에는 일본, 중국, 동남아 등 다문화음식을 직접 조리해 판매하는데, 그 종류만 해도 넉넉하다. 베트남 튀김만두 '짜요'와 쌀국수, 인도네시아의 볶음국수 '미고랭', 중국식 만두 딤섬, 문어를 넣고 구운 일본식 풀빵 '타코야키', 터키아이스크림, 홍콩 에그와플 등 다양한 국가의 다양한 음식들을 한 자리에서 맛볼 수 있는 것도, 깡통야시장의 아주 큰 매력이다.

이렇듯 부평깡통시장은 현대와 전통이 공존하는 부산 최초의 공설시장이면서 부산 최초의 야시장이다. 또한 국제시장, 자갈치시장과 더불어 '해방공간과 한국동란'이라는 고난과 격동의 현대사를 고스란히 떠안았던 시장이기도 하다. 그래서 시민들에게 더욱 애틋이 사랑받는 시장이다.

그러하기에 이곳에서 태동한 음식의 유래와 탄생배경, 시장의 역사와 시장의 명물 등을 콘텐츠화하여 방문객들에게 널리 알리고, 이를 관광문화화해야 할 책임이 있다. 뿐만 아니라 야시장 내 세계 각국의 음식을 제공함으로써 다문화음식문화가 꽃피는 '다문화 음식의 발상지화'에도 노력을 아끼지 않았으면 한다.

자갈치시장 고래고기

한 점씩 씹을 때마다 펼쳐지는 맛의 향연

고래는 바닷속 포유동물로 오래전부터 인간과는 친근한 동물이었다. 몸집도 크지만 그들의 일생 또한 베일에 싸여 있었기에, 신화 속에 자주 등장하는 신비의 동물로 여겨지기도 했다.

고래는 1m 크기인 돌고래류부터 길이 30m 무게 160t에 달하는 대왕고래에 이르기까지 전 세계적으로 80여 종이 전 대양에 걸쳐 분포하고 있다. 우리나라에서도 대형 고래류 9종을 포함해 35종 정도가 서식하는 것으로 기록되고 있다.

선사시대 때부터 인간은 고래를 사냥의 대상으로, 두려움을 극복해야 할 자연의 상징으로 대해왔다. 비근한 예로 울산 반구대 암각화만 보더라도 인간과 고래의 사투는 서로의 목숨을 걸고 벌이는 처절한 생존의 현장이었던 것이다.

우리 해역의 근대 포경은 구한말 일본, 러시아 등 서구 열강들에 의하여 이뤄졌다. 해방 후에는 울산 장생포를 중심으로 한 근해 포경업이 성업했는데, 한 달에 천여 마리가 장생포를 통해 들어올 정도로 그 개체수가 많았다.

1986년 국제포경위원회가 상업포경금지협정에 의해 근해에서의 상업포경이 금지되고부터는 연안에 설치된 그물에 스스로 걸려 혼획된 고래와 선박과 부딪혀 좌초한 고래를 해경에 신고 후 식재료

로 활용하고 있다. 때문에 공급이 불안정하고 수요에 크게 미치지 못해 꽤 비싼 가격을 형성하고 있을 정도로 귀한 대접을 받고 있기도 하다.

고래는 크게 이빨고래류와 수염고래류로 분류되는데, 이빨고래류는 이빨이 있어 큰 생선이나 물개 등을 주 먹이로 한다. 돌고래류들과 범고래, 향유고래 등 70여 종이 있다. 수염고래는 이빨이 없는 대신 입안의 수염으로 플랑크톤이나 작은 갑각류들을 걸러 먹는다. 흰수염고래, 참고래, 혹등고래, 밍크고래 등 13종이 있다.

고래는 고기와 기름, 수염 등을 활용하였는데, 고기는 다양한 방법으로 요리해 먹고, 기름은 화장품, 비누의 원료나 공업용 기름으로, 고래수염은 유럽에서 코르셋, 칫솔 등으로, 향유고래 배설물은 여성들이 선호하는 용연향(龍涎香)이라는 향료로 널리 쓰였다.

고기는 수염고래의 살을 주로 사용한다. 이빨고래는 육질에 특유의 짙은 체취가 강한 반면, 수염고래는 살이 부드럽고 달기에 그렇다. 북극의 에스키모인과 노르웨이, 일본 등지에서는 생으로, 스테이크로, 수육 등으로 상식한다.

특히 일본은 과학적 연구목적으로 일정 양의 고래를 포경하여 식재료로 활용을 하고 있는데, 전통적으로 참치와 더불어 고래고기를 최고의 미식 중 하나로 귀히 여기고 있다. 고래회, 고래초밥, 고래튀김, 고래베이컨, 고래전골 등등 그 종류도 다양하게 음식으로 만들어 먹는다.

우리나라에서도 울산 장생포와 포항 죽도시장, 부산 자갈치시장 등에서 고래고기를 취급하고 있다. 죽도시장은 구룡포에서 해체한 고래를 전국에 도소매로 유통하고 있고, 장생포는 '고래문화특구'로 지정된 곳으로, 집단화 된 고래전문음식점에서 고래음식들을 맛볼 수가 있다. 고래회, 고래육회, 고래생고기, 고래수육, 고래찌개, 고래두루치기 등이 그것이다.

자갈치시장. 부산하면 자갈치요, 자갈치 하면 꼼장어와 고래고기였던 시절. 30여 년이 훌쩍 넘었을까? 시인 지망생이던 몇몇 지인들과 자주 들르던 자갈치시장의 고래고기 좌판. 그 시절만 해도 상업포경이 허용되던 때라 고래고기는 대표적인 서민음식이었다.

쇠고기처럼 한 근 두 근씩 팔았을 정도로 생산량이 많았기에, 가벼운 주머니 사정으로라도 쉬 좌판에 앉을 수가 있었다. 좌판에 앉아 '고래고래' 노래도 부르고, 열띤 문학 토론과 시대적 불만의 표출로 서로 주먹질도 불사하던 시절. 단골에게는 고기도 듬뿍듬뿍 얹어주고, 외상도 스스럼없이 잘 해주던 시절이었다.

자갈치시장에서 구입한 고래고기는 가난했던 서민들에게는 소중한 단백질 공급원이었다. 몇 근씩 구입한 고래고기는 새끼 끈에 묶거나 신문지에 둘둘 말아서 가족들 저녁 찬거리로 활용되었다.

붉은 살로는 무를 쓱쓱 베어 넣고 소고기국처럼 끓여 먹었고, 기름기 있는 부위로는 두루치기 하듯이 볶아먹기도 했다. 가장들은 막걸리에 고래수육 한 점으로 술추렴을 하기도 했었다. 소금에 푹 찍어 먹으면, 그 고소한 맛이 입안 가득 돌고 돌았다.

이처럼 고래고기는 그 맛이 쇠고기와 비슷해, 소고기 대용으로 널리 쓰였다. 소고기육개장, 소고기국, 불고기전골, 두루치기 등에 쓰였던 것이다. 그 정도로 고래는 한때 바다에서 나는 흔한 육류 취급을 받기도 했었다.

고래고기. 각 부위별로 12가지의 맛을 낸다는 음식. 입에 익숙해지면 짙은 풍미로, 맛의 극치로 안내하는 미식가들의 일미(一味). 그러하기에 고래 한 점씩 입에 넣을 때마다 다양한 맛의 향연이 펼쳐진다. 한 점씩 씹을 때마다 서로 다른 맛을 내기에 그 맛이 흥미롭다. 풍부한 미감으로 입이 호사하는 음식이 고래고기인 것이다.

자갈치시장 고래고기는 모두 수육으로 내놓는데, 부위가 10여 가지로 나눠진다. 지방의 풍부한 맛과 살살 녹는 부드러움이 좋은 뱃살(우네), 쫄깃쫄깃 오돌오돌 씹는 맛이 좋은 꼬리와 지느러미(오베기), 돼지 삼겹살처럼 지방과 껍데기, 살코기가 잘 배합된 등살(바가지), 짙은 체취를 내는 대창이나 콩팥, 허파와 같은 고래 내장, 다 먹고 조금 모자랄 때 서비스용으로 더 얹어주는 고래살 코기 등… 부위마다 맛이 다르고 씹히는 차이가 확연해, 먹는 재미가 쏠쏠하다.

곁들여 먹는 방법도 여러 가지여서 그 또한 재미지다. 고기의 참맛을 보려면 소금에 찍어 먹고, 진한 맛을 좋아하면 오래 삭힌 멸치젓국이 좋겠다. 고래 특유의 냄새가 싫으면 묵은지에 싸서 먹어도 색다른 맛을 느낄 수 있다.

먹는 방법이 수백 가지나 된다는 고래고기. 콜레스테롤이 없는 불포화 지방산을 다량 함유해 노화를 방지하고 피부를 부드럽게 하는 건강장수식품으로도 널리 알려진 음식이기도 하다. 또한 정약전의 『자산어보』에서도 경어(鯨魚), 고래어(古來魚)로 불리며 오래전부터 우리 민족에게도 친숙했다는 사실을 볼 수 있다. 무분별한 남획으로 그 개체수가 급격하게 줄어든 주요 미래해양자원 고래를, 향후 다양한 해양산업에 접목할 수 있도록 과학적이고도 합리적인 연구와 관리가 필요하겠다.

감칠맛의 궁극
전문가용 생선회

선어회

생선은 인체에 유용한 양질의 단백질과 불포화지방산을 다량 함유하고 있는 식재료이다. 때문에 인류는 유사 이래로 생선을 여러 가지 방법으로 조리해 먹었는데, 날로 먹고 불에 굽고, 쪄내거나 국물 요리로도 널리 활용해 왔다.

특히 생선을 날로 요리해 먹는 '생선회'는 세계적으로도 다양한 문화권에서 즐기고 있는 섭생방법 중 하나이다. 주로 동아시아를 중심으로 소비되는 생선회는, 공자도 즐겨먹은 것으로 '논어'에 기술할 정도이니 말이다. '맹자'의 문장 중 '인구에 회자(膾炙)되다(널리 사람의 입에 오르내리다.)'라는 말의 '회자' 또한 '회와 구운 고기'를 일컫는데, 그만큼 음식으로서의 위치가 공고하다는 뜻일 게다.

생선회는 우리나라의 '활어회 문화권'과 일본을 중심으로 한 '선어회 문화권'으로 크게 대별된다. 활어회는 살아있는 생선을 즉살시켜 바로 먹는 방식으로, 횟감의 사후경직으로 인해 식감이 질기다 싶을 만큼 쫄깃하고 씹힘성이 좋다. 그러나 음식의 지향점인 감칠맛이나 생선회 본연의 풍미는 상대적으로 덜하다.

선어회는 활어를 잡는 즉시 얼음에 빙장하거나 '시메'시켜, 일정기간 숙성하여 음식으로 내는 방식이다. '시메'는 일본의 '이케시메(活けしめ)'의 줄임말로 '활어를 즉살하고 피를 빼내는 방법'으로, 활어의 스트레스를 줄이고 신선한 횟감으로 오래 보관할 수 있는 방법이다.

때문에 숙성 후 발현되는 이노신산의 감칠맛이 극대화되어, 입안 가득 퍼지는 생선회의 진하고 풍성함이 정점을 이룬다. 반면에 살이 연하고 부드러워지는 '연육화 현상'으로, 탄탄하고 쫄깃한 '다이내믹한 식감'은 기대하기 어렵다.

선어회의 숙성기간은 어종마다 다르나 주로 한나절에서 열흘까지로 다양하다. 삼치, 병어, 다랑어 등, 등 푸른 생선과 몸집이 작은 생선은 숙성시간이 짧고, 광어, 다금바리, 돗돔 등 흰 살 생선과 대형어종은 숙성시간이 상대적으로 길다. 삼치, 병어 등은 대략 반나절, 대형 어류인 돗돔 등은 열흘까지도 숙성시킨다.

선어회는 일본인들이 즐겨먹는 방식이지만, 우리나라도 동남해의 해안마을, 포구를 중심으로 주로 선어회에 익숙한 선원들이 즐겨 먹었다. 활어의 운송과 보관기술이 열악했던 이유도 있었지만, 일정시간을 경과하여 먹던 생선회의 감칠맛에 매료됐기 때문이다.

부산에서도 공동어시장 부근으로 선어회를 파는 곳이 산재해 있었다. 선원들은 바다에서 잡은 생선 몇 마리를 남겨두었다가 자갈치 어시장 근처의 단골식당에서 장만해 먹곤 했는데, 귀항하는 동안 잘 숙성된 생선회는 선원들의 깔깔한 입맛을 단번에 다독여주곤 했었다.

단골 선원들에게 술과 양념값을 받고 선어회를 장만해주던 몇몇 식당들은 입소문이 나자 전문적으로 선어회를 팔기 시작했다. 그래서 지금도 충무동 로터리 인근에는 20여 년을 넘긴 선어횟집들이 다수 영업하고 있다.

충무동 선어횟집 중 한 집에 들러 선어회를 시킨다. 오늘은 어떤 횟거리들이 있는지 물으니 '민어, 노랑가오리, 갈농어, 눈볼대…' 다양한 선어들을 주워섬긴다. 선어횟집에서만 맛볼 수 있는 전설의 거대 물고기, '돗돔'을 섞어 맛을 보자니까, '선어회는 그날그날 먹을 횟감을 하늘이 정해주기에, 사람이 먹고 싶다고 바로바로 먹을 수 있는 게 아니다.'며 일침을 놓는다.

'오로지 자연산 생선만을 선별하여 들여오기 때문에, 계절에 따라, 물때에 따라, 바다의 상황에 따라, 횟감의 종류는 오늘 다르고 내일 다르다.'는 것이다. 말인즉슨 '그날그날 먹을 회는 그날이 되어야 알 수 있기에, 복불복의 먹는 재미가 더욱 쏠쏠하다.'는 것.

선어회 한 접시가 상에 올라온다. 민어, 노랑가오리, 갈농어, 도다리, 눈볼대, 병어 등속이다. 희고 붉은 선어회가 종류에 따라 제대로 가지런하다. 둥근 접시에 돌아가며 차곡차곡 쟁여져 보기에도 먹음직스럽다.

각각의 회를 일별해보고 있는데, 주인장이 다가와 먹는 순서와 방법을 알려준다. 대충 들어보니, '담백한 회부터 시작하여 기름진 회로 끝내라.', '먹는 회에 따라 고추냉이, 초장, 된장 등 궁합이 맞는 양념장에 찍어먹어라.' 등등이다.

우선 병어회를 맛본다. 30~40cm 정도 되는 큰 놈이라 등살과 뱃살로 나누어 장만했다. 된장에 찍어 입에 넣으니, 등살은 담백하게 씹히며 짭조름한 양념과도 잘 어우러진다. 뱃살은 육즙이 구수하게 우러나는 것이 된장소스와 궁합이 제대로다.

이어 최대 몸길이 2m, 몸무게 10여kg까지 자라는 노랑가오리를 맛본다. 살이 깊어 붉은 살이 선연하다. 감칠맛이 덜하기에 초장에 푹 찍어 먹는다. 쫀득쫀득, 꼬득꼬득한 식감이 장난 아니다. 살은 깊어 차지고 연골은 오독오독 입안에서 저항을 하며 씹는 재미를 배가 시킨다.

갈농어도 한 점 맛본다. 제주도 해역에 잡은 것이라 하는데, 다금바리, 붉바리, 자바리 등 바리과 생선의 새끼인 듯하다. 새끼이지만 바리과 생선의 특성대로 살이 탄탄하고 밀도가 좋다. 부드러우면서도 쫀득이는 식감이 꽤 괜찮다. 은은한 향이 도는데, 나름의 풍미 또한 흔쾌하다.

곧이어 도다리를 맛본다. 낚시로 잡은 큰놈이라 살이 깊고 탱글탱글하다. 우선 씹을 때는 광어의 식감이 돌지만, 씹을수록 담백하면서도 입안으로 은은하게 감치는 감칠맛이 소소한 재미를 준다.

전라도 사람들에게는 최고의 여름 생선으로 잘 알려진 민어도 고추냉이 소스에 한 점 찍어 맛을 본다. 민어는 60~90cm 정도의 대형 어종으로 살이 많고 맛이 좋아 회나 구이, 찜, 탕 등 다양한 음식재료로 널리 쓰인다.

살이 많은 어종이라 뱃살과 등살로 장만했다. 뱃살을 먹으니 두 가지 부위의 식감이 함께 느껴진다. 부드럽고 쫀득한데다 씹을수록 풍미가 더해진다. 등살은 담박하면서도 식감은 사박사박하다. 기분 좋은 씹힘이다.

마지막으로 40cm 짜리 눈볼대를 깍둑 썰어낸 회 한 점을 입에 넣는다. 원래 15~20cm 정도의 크기인데, 큰놈들은 돔 종류보다 더 귀한 대접을 받는다. 일명 '아까무스'라고 불리며 좋은 놈들은 일본으로 전량 수출되는 고급생선이다.

일명 '고데고리'라는 '외끌이 배'에서 잡은 것으로, 입에 넣자마자 감탄이 터져 나온다. 끝없이 부드럽고도 고소한 맛이 극에 달한다. 참치 뱃살도 저리가라다. 씹을 때마다 고소한 육즙이 쏟아지듯 흘러넘친다. 구이나 물회 재료로만 생각했다가 큰 코 다칠 뻔 했다.

한참을 다양한 식감과 감칠맛의 회를 일별하면서 잠시 생각해 본다. 생선회는 여러 가지 방법으로 먹을 수 있는 아주 민감한 식재료이다. 횟감 장만법과 보관법, 칼질법과 소스의 선택, 곁들이는 양념… 등에 의해 다양한 맛의 변주를 가져온다.

하여, '생선회의 수도, 부산'에서, 생선회를 즐기는 다양한 방법을 먼저 연구 · 개발하고, 널리 활용할 때, 우리나라의 생선회 문화는 더욱 윤택하고 풍성해 질 것이리라 감히 기대해 본다.

부산 앞바다 깊은 수심 속
'전설의 물고기'

돗돔

국내에서 생선 한 마리가 500만 원에 경매 된다면 믿을 수 있을까? 밍크고래가 크기에 따라 1천만 원에서 1억 원까지 팔려 나간다는 이야기는 있어도 생선 한 마리가 500만 원이라니….

말도 안 되는 거짓말 같고, 참말이라면 그 생선을 잡은 이는 그야말로 '로또복권'을 탄 셈이겠다. 과연 그렇게 비싼 물고기가 존재하는 것일까? 결론부터 말하자면 그런 물고기가 부산 앞바다에 존재한다. '돗돔'이 바로 그 주인공이다.

부산공동어시장에서는 매년 길이 2m, 무게 100kg 내외의 심해어종인 돗돔이 300~500만 원씩에 경매되고 있다. 일 년에 두세 마리 정도만 위판될 정도로 희귀어종이라 '전설의 물고기', '신비의 심해어' 등으로 불리기도 한다. 한 해 70여 마리 정도가 위판될 정도니 그렇게 불릴 만도 하겠다.

'돗돔'은 우리나라 동해남부, 남해지역 수심 300~500m의 암초지대에 서식하는 심해어로, 최대 2m, 200kg까지 자라는 우리 해수역에서 가장 큰 거대어 중에 하나이다. 등지느러미가 크고 넓어 배의 '돛'을 닮아 돗돔이라는 설이 있다. 5~6월 산란기에 맞춰 수심 50~70m의 연안으로 와서 산란을 하는데, 이때 그물이나 낚시로 드물게 잡힌다.

부산의 오륙도 인근, 가거도 지역, 제주남부 마라도 해역 등에서 주로 잡힌다. 사람들 눈에 잘 띄지 않기에 사람에게 잡히면 큰 화제가 되는 물고기로, 바닷사람들 사이에서는 '용왕이 허락해야 잡을 수 있는 물고기'로 치부된다. 한 마리에 시가 400만 원 정도에 경매로 거래되기에, 밍크고래와 더불어 '바다의 로또'로 불리기도 한다.

돗돔은 연안의 정치망이나 어선의 그물에 걸려 올라오기도 하지만, 주로 배낚시로 낚아 올리는 것이 대부분이다. 어른 손바닥 크기의 상어낚시용 바늘에, 미끼는 붕장어나 고등어 등 살아 있는 물고기를 통째로 꿰어서 사용한다.

특히 70~80년대에는 가거도를 중심으로 돗돔을 전문적으로 어획하는 '돗돔어업'이 성행하기도 했다. 많은 수의 돗돔이 산란을 위해 초여름 가거도 해역으로 모여들었기 때문이다. 특히 가거도 근처 무인도 소국흘도 지역이 돗돔의 최대 산란처였다고 한다.

정약전의 『자산어보』에도 대면(大鮸, 큰 참조기)이라는 이름으로 가거도 해역의 돗돔을 소개하고 있다. '큰 놈은 길이가 2m 남짓 된다. 허리통이 굵어서 몇 아름이나 된다. 음력 6~7월경 낚시에 걸린 상어를 잡아먹으려고 달려든다. 이렇게 상어를 한입에 삼킨 대면은 상어의 등지느러미에 나 있는 송곳 같은 가시에 내장을 찔려 낚시에 걸린 꼴이 되고 만다.'고 기술하고 있다.

가거도에서는 돗돔을 잡히기 시작하는 초여름이면 이 돗돔으로 동네잔치를 했다고 한다. 살은 생선회로, 내장과 알과 간은 끓는 물에 데쳐 소금에 찍어 먹었는데, 특히 간의 맛이 일품이라 귀하게 여겼단다.

최근에는 부산에서 가끔이나마 돗돔을 맛볼 수가 있다. 부산공

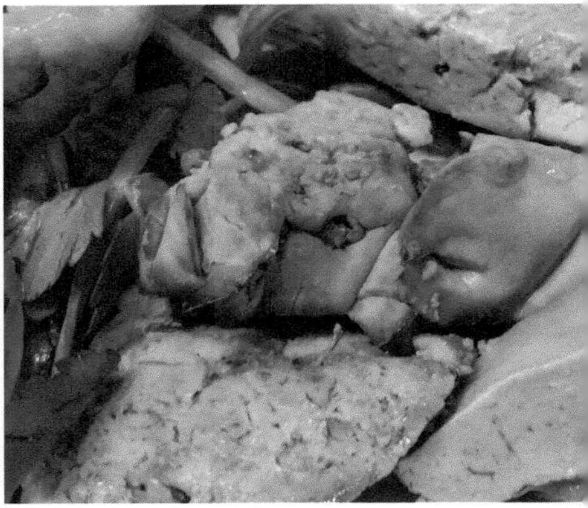

돗돔회
돗돔 껍질, 돗돔 간

동어시장에서 돗돔이 위판되기 때문이다. 충무동에는 몇몇 선어횟집이 전문적으로 돗돔을 취급하고 있는데, 전국의 식도락가들이 이 돗돔을 맛보기 위해 몰려들고 있다.

어떤 식당은 맛있는 부위를 몇몇 골수 단골들에게만 비밀리에 제공해, 뒤늦게 소문을 듣고 찾아온 외지인들에게 눈총(?)을 받기도 한다. 그 정도로 돗돔은 개체의 희귀성과 맛을 담보하는 생선으로 인정받고 있는 것이다.

얼마 전 한 지인이 부산공동어시장에 돗돔이 위판되었다는 소식을 신문에서 읽고 '맛 좀 볼 수 없겠냐?'기에, 수소문하여 어시장 인근의 선어횟집을 찾았다. 이미 식당 안에는 소문을 듣고 찾아온 식도락가들로 문전성시였다.

돗돔은 '일반 선어'와 함께 섞은 '선어모둠회'로 먹을 수도 있고, 돗돔으로만 생선회를 주문할 수도 있다. 그러나 돗돔 자체가 워낙 귀하고 그 수요가 높아 접시당 이십여 만 원을 호가하기에 대부분 돗돔이 섞인 선어모둠회를 즐겨 먹는다.

다른 대형어류들이 그러하듯 돗돔도 한 마리 장만하면 어느 부위도 버릴 것 없는 생선이다. 돗돔 한 마리로 회와 간, 껍질, 생선국 등 다양한 코스로 즐길 수가 있다.

우선 붉은 살 부위와 흰 살 부위가 적절하게 섞인 '돗돔회'가 차려진다. 뱃살, 등살, 날개살, 꼬리살 등 다양한 부위가 한 접시에 담겨 알록달록하다. 한 점씩 입에 넣고 음미한다. 마블링이 도는 뱃살은 고소한 참치 같고, 등살은 소고기육회 같고, 꼬리살은 꼬들꼬들하여 복어회 같기도 하다.

생선회를 부위별로 고추냉이에, 막장에, 초고추장에 찍어 맛을 본다. 보들보들, 살강살강, 쫄깃쫄깃, 쫀득쫀득 갖가지 식감의 육질과 다양한 육즙이 온통 넘쳐 흘러 입안이 가히 기기묘묘하다.

곧이어 돗돔의 간과 껍질수육이 한 접시 상에 오른다. '돗돔껍질'을 한 점 소금에 찍어 맛본다. 마치 제주흑돼지껍질수육을 먹는 것 같이 고소하고 쫀득하다. 약간 기름진 맛은 소금과 어울려 구수함을 더욱 흔쾌하게 상승시켜준다.

이어서 '돗돔 간'을 한 점 먹어본다. 그야말로 고소함의 극치이다. 아귀의 간을 거위간인 푸아그라에 비견하듯, 돗돔의 간도 절대 이에 뒤지지 않는다. 그러나 기름이 많은 심해어종이므로 너무 많이 섭취하면 배탈이 날 수 있기에 주의해야 한다. 말 그대로 '한 점의 미학'을 바로 '돗돔의 간'에서 읽을 수 있다.

이러구러 '돗돔회'를 다 먹을 즈음, 김이 모락모락 나는 '돗돔생선국'이 앞에 놓인다. 국물이 뽀얗다. 한 술 떠먹어 본다. 구수하다. 마치 곰국 같다. 그리고 아주 진해 입술에 살짝 들러붙는 느낌이 날 정도다. 그러면서도 뱃속은 시원하고 편안하다.

워낙 잡기 힘든 데다 그 맛이 일미(一味)라 귀한 대접을 받던 '전설의 물고기' 돗돔. 때문에 돗돔 한 점의 가치는 매우 높다. 먹기 힘든 거대어를 먹어봤다는 선민의식도 아울러 작용해, 호사가나 식도락가들에게는 '꿈의 생선'으로 불리기도 한다.

워낙 개체수가 적어 보호어종으로 지정하자는 말도 있고, 경제효과가 높아 양식화를 서두르고 있다고도 한다. 그 귀추를 눈여겨 볼 일이다.

양곱창

국내 최대 양곱창 골목
일본인도 반해 찾아오는 맛

부산을 대표하는 육고기 음식 중 '양곱창구이'가 있다. 소 내장 중 위장과 창자 부위를 연탄불 석쇠에 구워 먹는 음식이다. 소 첫 번째 위장의 '양'과 작은창자인 '곱창'을 붙여 '양곱창'이라 부른다.

부산은 국내 최대의 집단화 된 양곱창 골목과 전문식당을 가지고 있으며, 다양한 국가와 인종들이 양곱창을 즐겨 먹는 곳이다. 또한 전국 최대의 양곱창 소비지이기도 하다. 그렇게 본다면 부산은 양곱창의 본향쯤 되겠다.

하여 맛있는 양곱창을 먹으려면 필히 부산에 와야 한다는 것이 불문율이다. 그렇다면 부산이 왜 전국적으로도 유명한 양곱창의 도시가 되었을까? 그 첫째로는 재료의 공급과 소비에 있다. 전국에서 최고로 신선한 양질의 '양곱창' 재료는, 부산으로 먼저 공수되기 때문이다. 부산이 전국 최대 규모의 양곱창 소비지이기에 그렇다.

'남포동 양곱창 골목.' 이곳은 전국 최대 규모의 '양곱창집'이 집단화되어 있는 곳이다. 자갈치농협 뒷골목을 시작으로 자갈치로 59번길 전체의 350여 미터, 세 블록에 걸친 골목 50여 집이 집단을 이루고 있는데, 코너까지 합치면 2~3백여 집은 족히 되고도 남는다.

오래된 곳은 1959년 영업을 시작한 백화양곱창으로 50년이 훌쩍 넘었다. 주변의 많은 곳이 40~50여 년은 족히 지났고, 최근 몇 년 사이에도 부쩍 늘어나고 있는 추세다. 방송을 탄 몇 곳은 저녁 무렵부터 줄을 서기 시작하여, 몇 시간을 기다려야 자리를 차지할 수 있을 정도다.

원래 자갈치 뒷골목은 선원들이 배에서 내려 술로 목을 축이던, 맥주집과 작부집으로 흥청대던 곳이었다. 선원 이길수 씨에 의하면 "당시 배에서 내릴 때 현금을 마대자루에 넣어 내리는데, 대다수의 선원들이 지금의 양곱창 골목에서 작부들에게 홀려 돈을 탕진했다."고 한다.

그러던 것이 1980년대 전후 들어 수산업 경기가 안 좋아지자, 이 골목은 양곱창집들로 하나둘 업종을 변경하여 오늘에 이르게 된 것. 주로 선원들과 관공서 공무원들이 당시의 주 고객들이었다고.

특히 이곳은 망망대해를 돌아들던 선원들이 제일 먼저 배에서 내려 들리던 곳이었다. 양곱창이 싸고 맛있는 동물 단백질이었기에 먼저 이곳에서 짠물에 절은 목

연탄불 석쇠에 구워 먹는
양곱창 구이

젖을 씻었던 것이다.

또 인근에 관공서가 산재해 있어 주머니 가벼운 공무원들도 단골이었단다. 법원과 시청 공무원들이 술 한 잔에 양곱창 한 점으로 하루의 일상을 마무리 했던 것이다.

1990년대 들어 엔고(円高)시대가 되자 일본인들의 부산 방문이 잦아졌고, 기생관광이라는 음성적 방문도 자주 이루어졌다. 이때 일본인들이 빠지지 않고 들리던 곳이 양곱창집이었다.

일명 '호르몬야끼'라 하여 남성에게 좋은 음식이라는 속설 때문이었다. 이 속설의 시작은 일본 관동대지진 때로 거슬러 올라간다. 관동대지진 때 일본인들은 많은 수가 굶어죽었는데 비해, 조선 사람들은 통통하니 살이 올랐던 것. 이것을 전후 일본식품학자들이 연구해보니, 당시 일본인들은 먹지 않았던 양곱창에 우수한 영양성분이 다양하게 함유되어 있다는 것을 밝혀낸 것이다.

그 뒤 일본에서도 규슈, 히로시마를 중심으로 양곱창 요리를 보양식으로 널리 먹어오고 있다. 하여 싸고 양 많고 양질의 영양소를 함유한 부산의 양곱창을 먹는 것이, 일본인들의 부산방문 필수코스가 된 것이다.

이후 2000년대 접어들어 대중화 과정을 거치면서 지금의 양곱창 골목이 형성되고, 남녀노소 즐겨 먹는 부산의 대표음식 중 하나로 널리 알려지게 되었다.

입소문 난 '양곱창집'에 들어선다. 사람들로 꽉 찬 사이를 비집고 자리를 마련한다. 환풍기가 쉴 새 없이 돌고 있지만, 자욱한 연기는 빠질 줄을 모른다.

양곱창 한 접시를 시킨다. 특양, 양, 곱창, 대창, 염통 등이 한 접시로 나온다. 주로 소금구이는 마늘양념소스에 버무려져 석쇠에 굽고, 양념구이는 고추장양념을 하여 돌판에 굽는다. 우선 소금구이 한 접시를 시킨다.

연탄불 위로 푸른 불꽃이 일렁인다. 때 묻은 석쇠가 빨갛게 달아오를 때쯤, 양과 곱창을 차례로 얹는다. "치지직 치지직" 양곱창 익는 소리가 식욕을 자극한다. 먼저 불에 살짝 익힌 '특양'을 한 점 소스에 찍어 먹는다. 조개관자 씹듯 부드러우면서도 아삭아삭한 맛이 절정이다. 풍미까지 좋아 그윽하다. '양'은 주로 위장의 두툼한 앞부분, '양깃머리'를 먹는데, 쫄깃쫄깃 쫀득쫀득한 식감이 일품이다.

소스가 괜찮다 싶어 자세히 보니, 간장에 마늘 다진 것 듬뿍 넣고, 설탕과 식초, 후추에 좋은 참기름을 섞었다. 양곱창에 잘 어울리는 소스다. '곱창'은 안에 '곱'이 있어 제대로 구우면 쫄깃하면서도 들큰한 맛을 낸다. 대창을 입에 넣으니, 기름기가 입안에서 '매끌매끌' 돈다. 질릴 정도로 고소하다. 연탄불에 불길이 솟으면 필시 대창을 굽고 있다고 보면 되겠다. 염통도 쫀득하면서도 특유의 감칠맛이 살짝 돈다.

옆의 샐러드를 한 입 집어먹는다. 상추와 양파 등을 마늘 소스에 끼얹었는데, 기름기 가시는 데 그저 그만이다.

볶음밥은 양곱창과 밥, 양파 등을 넣고 볶아준다. 이곳 30년 단골인 김문철 씨는 "먹고 남은 양곱창은 일본요리 타다키(たたき)처럼 잘게 다져서 볶음밥을 해줬다."며 "소금구이는 고기가 남으면 볶음밥으로 먹고, 양념구이는 국물에 우동사리를 넣어 비벼 먹었다."고 전한다. 지금은 식감을 위해 남은 양곱창을 그대로 볶아 김에 싸 먹는 것을 별미로 하고 있다.

볶음밥을 한 숟가락 맛본다. 씹을수록 고소하고 깊은 맛이 참 기껍다. 양곱창이 기분 좋게 씹히고, 양념이 잘 배인 밥알도 흔쾌하다. 은근한 돌판에 눌어붙은 누룽지는 바싹한 식감에 고소함까지 더해 마지막 입가심으로 좋다. 곁들여 떠 먹는 물김치 또한 새콤하고 아삭하니 입 가시기에 참 좋다.

이렇게 전국에서 최고의 맛을 자랑하는 부산의 양곱창. 그러나 아직까지는 양곱창이 부산의 향토음식이라 말하기가 저어된다. 필자가 정의하는 향토음식은 '그 지역 사람들'이, '그 지역에 나는 음식재료'로, '그 지역의 환경에 의해 오래도록 길들여진 입맛'으로 먹되, '지역사회 전체가 향토음식으로 인정'하는 '자연발생적인 음식'을 뜻한다.

그렇게 따지자면 양곱창은 부산의 식재료도 아니고, 부산지역에서 오래 길들여진 맛도 아니며, 지역 전체가 즐겨 먹는 향토음식도 아니다. 하여 진정한 부산의 향토음식으로 부산시민들에게 더 큰 사랑을 받으려면, 일본의 전골이나, 튀김, 조림, 샐러드 요리처럼 부산의 성정을 담뿍 품은 다양한 메뉴와 조리법 개발이 선행되어야 하겠다.

양곱창 볶음밥

PART 04

구석구석 골목골목, 부산의 맛

추어탕식 생선국 (바다추어탕)

바다 식재료로 만든 이색 보양식

가을비가 후드득 흩뿌리고 간 이후, 가을이 성큼 다가왔다. 아침저녁으로 소슬한 날씨의 변화로 사람들이 섭취하는 음식 또한 달라지는 계절이다. 제철 음식의 식재료가 바뀌기 때문으로. 우리 몸 또한 새로운 계절을 대비하기 위해 적합한 영양소를 요구한다.

가을의 문턱에 들어서면서 '가을 추(秋)' 자의 생선이 눈에 띈다. 미꾸라지(鰍魚)이다. 미꾸라지는 여름 더위에 지친 몸을 달래고, 추운 겨울을 나기 위해 '가을'에 먹는 음식이다. '가을(秋)'에 먹어야 맛있는 '물고기(魚)', 가을 물고기가 바로 '미꾸라지(鰍)'인 것이다.

그래서 가을은 추어탕의 계절이다. 미꾸라지는 강인한 생명력을 가진 물고기 중에 하나다. 논바닥이 쩍쩍 갈라지는 진흙 속에서도 몇 달을 견디며 거뜬히 살아남는 것을 보면 능히 알 수가 있다. 그러하기에 예부터 이러한 미꾸라지의 강인한 생명력을 고스란히 얻기 위해 '추어탕'을 널리 보양식으로 애용해왔다.

그러나 바다를 곁에 두고 있는 부산은 추어탕의 재료인 미꾸라지가 꽤나 귀한 식재료였다. 그 대신 미꾸라지와 맛과 효능이 비슷하지만 상대적으로 값이 저렴한 바다의 어종을 활용, 추어탕식 조리법으로 끓여먹곤 했다.

주로 그 개체수가 많으면서도 영양가가 높은 고등어, 전갱이 새끼(메가리), 붕장어 등이 대상이었다. 이들은 떼로 몰려다니는 회유성 어종으로, 물때만 잘 맞으면 쉬 풍어를 맞는 풍족한 어족이기도 하다. 하다. 이를 필자는 '바다에서 나는 식재료로 조리한 추어탕'이라는 의미로 '바다 추어탕'이라 통칭하여 부르고 있다.

특히 고등어는 부산을 대표하는 시어(市魚)이고, 메가리는 일본으로 전량 수출되던 맛있는 어종이다. 하여 비싼 미꾸라지를 대신하여 각 지역마다 다양한 식재료로 '추어탕식 음식'을 끓여 먹곤 했는데, 그 종류만 해도 아주 다양하다.

영도를 중심으로 부산 전역에서 끓여 먹었던 '고등어추어탕'을 비롯하여 기장, 해운대를 중심으로 한 '메가리추어탕', 낙동강 하구유역의 '웅어추어탕', 기장의 '방게추어탕', '붕장어추어탕' 등이 그것이다. 그중 대중화된 '추어탕식 생선국'에는 '고등어추어탕'과 '메가리추어탕', '붕장어추어탕'이 대표적이다.

추어탕은 지역에 따라 그 요리방법이 조금씩 다른데, '부산식 추어탕'은 미꾸라지를 삶아 걸려낸 육수에 얼갈이배추 토란줄기, 숙주나물 등 각종 야채를 듬뿍 넣어 맑게 끓여낸다. 여기에 먹는 이의 입맛에 따라 다진 청양고추와 마늘, 방아 잎, 제피가루 등을 넣어 먹는다. 때문에 바다 식재료로 한 '부산의 추어탕식 음식' 또한 이 조리법에 근거하여 만들어낸다.

그중 '메가리추어탕'은 맛이 깊고 비린내가 적어 기장지역에서는 즐겨 먹는 음식 중에 하나였다. 메가리는 전갱이 새끼를 부산에서 부르는 말이다. 전갱이는 일본에서는 초밥의 귀한 재료로 쓰이는 고급어종이다.

고등어보다 살이 탄탄하고 감칠맛이 더해 고급 식재료로 분류되는데, 전갱이의 새끼 메가리는 부산 해안에 대량 서식하기에 동네낚시꾼들의 낚시 대상어로 첫손 꼽히고 있다. 회로 먹거나, 구이, 추어탕으로 만들어 먹는다.

기장군농업기술센터에서 발간한 『기장의 향토음식』에는 기장군의 향토음식 중 하나인 '메가리추어탕'의 조리법을 상세히 기록하고 있다. 우선 메가리를 손질하여 깨끗이 씻은 후 냄비에 메가리와 물을 넣고 푹 고아서 뼈를 발라내고 분쇄기에 간다. 시래기, 토란대, 고사리를 3~4cm 길이로 썰어 된장에 조물조물 무친다. 방아 잎, 호박잎은 잘게 썬다. 냄비에 갈아 놓은 메가리, 토란대, 고사리, 국 간장을 넣고 끓인다. 먹을 때 제피가루와 양념을 곁들인다. 숙주, 부추, 들깨가루 등을 넣어 먹기도 한다.

고등어는 가을이면 뱃살에 기름이 가득 차 더없이 고소하고 맛있어지는 생선이다. 살이 부드럽고 풍성해, 가을이면 조림, 찜, 구이 등으로 다양하게 조리해 먹는다. 고등어는 EPA, DHA 등 불포화지방산을 많이 함유하고 있어 고혈압, 동맥경화와 같은 성인병 예방에도 좋고, 성장기 자녀의 두뇌 발달에도 좋은 음식이다.

부산광역시농업기술센터에서 발간한 『부산의 맛, 그리움 그리고 이야기』에 보면 "흔하면서 가격도 저렴하여 고등어를 활용하여 고등어추어탕을 끓여 먹어왔다"면서 "조리법은 추어탕과 유사하다."고 기술하고 있다.

그 조리법은 이러하다. 우선 고등어를 깨끗이 씻은 후 된장 1큰술을 넣고 푹 삶은 후 뼈 없이 손질한다. 고추, 마늘은 다지고 시래

고등어추어탕
고등어, 메가리

기는 적당히 삶아둔다. 고등어와 시래기, 숙주, 고사리를 고등어 육수에 넣고 간을 한다. 먹을 때 고추, 마늘, 다진 양념과 제피를 넣어 먹는다.

고등어는 씨알이 굵은 놈을 골라야 국물이 진하고 맛도 좋다. 등 푸른 생선인 고등어는 다른 생선에 비해 비린내가 많이 나는데, 이를 제거하기 위해서 된장을 푼다든가, 향신료를 듬뿍 넣는 등의 작업을 한다.

붕장어는 흔히 부산 칠암을 중심으로 대량 어획되는 물고기다. 어류 중 몸통이 길어 흔히 '장어(長魚)'라고 부른다. 장어 중에서도 비교적 값이 싸 제철 보양식으로 손꼽히는 것이 붕장어다. 『동의보감』에 의하면 "영양실조와 허약 체질에 좋고 각종 상처를 치료하는 데도 효과가 있다."고 기록하고 있다.

붕장어추어탕의 조리법은 지역마다 조금씩 다르지만, 우선 붕장어를 손질하여 압력밥솥에 넣고 푹 곤다. 붕장어를 체로 걸러 살을 내리고, 여기에다 시래기와 토란줄기, 숙주, 대파, 마늘 등을 넣고 끓여낸다. 먹을 때 입맛에 따라 방아잎과 제피를 넣어 먹는다.

고등어추어탕을 전문으로 하는 식당에 들어선다. 추어탕이 상에 오르는데, 고등어살이 군데군데 보인다. 투박한 것이 묵직하다. 배추시래기에 고등어살을 거칠게 갈아 만들었다. 국물을 떠먹어본다. 구수하면서도 진한 국물이 시원하면서 깊은 맛을 낸다. 그리고 깔끔하다.

고등어가 주재료라 비릴 것이라 생각하지만 아니다. 비린 맛은 전혀 없고 국물 맛이 아침 해장국으로도 좋을 만큼 개운하다. 땡초를 넉넉하게 넣었기에 매운맛이 입안을 얼얼하게 하고, 제피의 향긋함이 혹시 있을 잡내를 말끔하게 가셔준다.

단배추의 푸른 잎을 사용해 거친 식감도 좋다. 시래기 한 젓가락 입에 넣는다. 부드러우면서 식감은 아삭아삭하다. 국물 몇 숟갈을 연거푸 떠 마시고 속을 푼 뒤 밥을 몇 술 말아 먹는다. 밥알들이 추어탕 국물에 배여 촉촉하게 뒤섞이며 식감을 자극한다. 반찬으로 나온 푸른 배추김치가 추어탕에 만 밥알과 잘 어우러지며 입속을 흥겹게도 한다.

값싸면서도 영양소 풍부한 제철 바다생선으로 끓여 만든 '바다 식재료의 이색 추어탕.' 가을날, 뜨끈한 바다 추어탕 한 그릇으로, 환절기를 맞아 잃어버린 입맛도 돋우고, 길고 긴 겨울도 든든하게 준비해보는 것도 좋겠다.

고등어회

부산의 대표 생선
다양한 풍미의 조화로움

고등어만큼 부산을 대표하는 어종이 또 있을까? 전국 고등어 생산량의 80% 이상을 차지하고, 부산사람들의 밥상 중간에 떡하니 한자리 차지하고 앉아 정찬을 풍성하게 채워주는 생선이 바로 고등어이다.

부산에 소재하는 대형선망수협에 따르면 한해 13만여 톤의 고등어가 부산에서 생산되고, 지난 몇 년간 평균 위판금액이 평균 3천여 억 원에 이른다고도 한다. 또한 부산의 시어(市魚)이면서, 부산공동어시장이 있는 서구의 구어(區語)이기도 한 어종으로, '고등어축제' 또한 성황리에 개최되는 곳이 부산이다.

뿐만 아니라 고등어를 식재료로 한 음식들이 다양하고 풍성한 곳 또한 부산이다. 부드럽고 고소한 고등어를 소금 뿌려 구워 먹고, 양념 발라 지져 먹고, 간장에 졸여 먹고, 기름에 튀겨 먹고, 탕으로 만들어 먹기도 하거니와 고갈비나 고등어회 등 술안주로도 즐겨 먹는 곳이기에 그렇다. 이렇게 생선 한 마리로 다양하고 맛있는 음식을 각양각색으로 만들어 먹기에, 고등어는 가히 '부산의 생선'이라 불러도 과언은 아니겠다.

특히 가을에서 겨울에 이르기까지 고등어는 뱃살에 기름이 가득 차, 더없이 고소하고 맛이 깊어진다. 특히 이 시기에 잡히는 고등어는 씨알도 굵고, 담백하면서도 부드러우며, 살집 또한 풍성해 바야

호로 이즈음이 제철인 것이다.

등이 높고 통통하다고 이름 붙여진 '고등어(高登魚)'는 예부터 우리 민족이 더불어 함께 즐겨 먹던 생선이었다. 값싸고 맛있으면서도 영양소가 풍부해 서민들의 밥반찬으로 널리 사랑을 받아왔던 것이다. 때문에 고등어를 지칭하는 이름들도 무척이나 다양하고 많다.

『자산어보』에서는 푸른 무늬가 있는 생선이라 벽문어(碧紋魚)라 했고, 『동국여지승람』에서는 칼처럼 생겼다고 고도어(古刀魚)라 불렀다. 『경상도 속한지리지』에서는 고도어(古都魚)라 기록하고 있기도 하다. 그 밖에 지역에 따라 고동어, 고망어 등으로, 크기에 따라 고도리, 열소고도리, 소고도리, 통소고도리 등으로 불리기도 한다.

이렇듯 다양하고 많은 별칭이 있다는 것은 그만큼 사람들에게 친근하면서도 귀한 대접을 받았다는 뜻이기도 하다. 또한 고등어는 '풍요의 상징'이기도 하다. 고등어는 군집성 어류로 엄청난 개체수가 떼를 지어 연안을 회유하는데, 그 수도 수지만 통통하고 기름진 살집으로, 한 점 베어 물면 입안이 꽉 차는 풍성함 또한 여타 생선과는 비교할 수 없을 정도이다.

이러한 고등어가 요즘 생선회의 식재료로 부쩍 대중화되고 있어 눈길을 끌고 있다. 원래 우리나라는 제주도를 제외하고 고등어를 생선회감으로 잘 활용하지 않는다. 활어를 선호하는 우리나라 사람들에게 잡자마자 바로 죽어버리는 고등어는 탐나는 횟감이 될 수가 없었다.

특히 고등어는 붉은살생선이기에 살이 무를 뿐 아니라, 죽으면 바로 산패가 시작되면서 비린내가 심하게 나기에 더욱 그러하다.

게다가 고등어에 기생하고 있는 고래회충은 평소 고등어 내장에서 기생하고 있다가 고등어가 죽으면 바로 고등어 살로 파고 들어가, 이를 날로 먹은 사람의 인체에 다양한 병증을 초래하기도 한다.

그러나 잘 처리된 체장 40~50cm 이상의 '고등어회'는 어지간한 고급 생선회와도 안 바꿀 정도로 맛이 깊고 진하며, 풍성한 감칠맛을 제공한다. 때문에 미식가들로부터 음식 자리의 대미를 장식하는 생선회로 손꼽히기도 한다.

그러하기에 오래전부터 일본을 중심으로 식도락가들을 위한 다양한 '고등어회 조리법'이 개발되었는데, 식초에 청주, 소금 등을 가미한 '초물'에 고등어 포를 재웠다가 썰어 먹는 '고등어초회'와 양식 활고등어를 직접 장만하여 생선회로 내는 '활고등어회', 고등어초회를 밥에 얹어먹는 '고등어초밥' 등이 그것이다.

부산은 일본과의 교류로 인한 생활문화의 접촉이 많은 지역으로 음식문화도 상당 부분 서로 주고받는다. 생선회도 예외는 아니다. 한국의 활어회와 일본의 선어회가 서로 교류하고, 양념 등 부재료가 서로에게 영향을 미친다. 부산의 '고등어회' 중 '고등어초회'가 그 일례라 할 수 있겠다.

또한 부산은 살아 있는 고등어로 생선회를 맛볼 수 있는 곳이다. 고등어회는 살아 있을 때 회를 쳐야 하기에 누구나가 즐길 수 있는 음식은 아니다. 그래서 주로 낚시꾼들이 즐겨 먹는 횟감인데, 그 맛은 아주 부드럽고 담백하다. 쌈을 싸서 한입 먹으면 남부러울 것 없는 웅숭함을 제공한다. 남은 회와 찬밥, 쌈 채소를 죽죽 찢어 넣고 즉석에서 고등어회비빔밥을 만들어 먹는 것도 별미 중 별미이다.

우리나라 '고등어회'는 남해안이나 제주도 해역의 양식 고등어를 둥근 원통의 수조에 살려뒀다가 즉석에서 활어상태로 장만해 주거나, 대형선망의 빙장고등어를 초절임하여 초회로 장만해 주는 방식이다. 제주지역은 양식 '활고등어회'가 정착단계에 있고, 부산은 대형선망업체의 당일 잡은 씨알 굵은 고등어로 장만한 '고등어초회'가 널리 인기를 끌고 있다.

부산의 '고등어초회'는 일본의 고등어초회보다 고등어를 '초물'에 적게 노출시키는데다, 식초의 함유량도 적어 활고등어의 식감을 잘 살려내기에 쫄깃하고 탄성도가 높다. 등푸른생선 특유의 부드러운 육질과 적당히 배어 있는 구수함과 감칠맛, 생선 비린내를 잡아주는 은은한 식초 향 등이 전체적으로 상큼하고 새콤한 뒷맛의 여운을 남긴다.

특히 고등어초회를 전문으로 하는 요리점들은 '음식 플레이팅'이 거의 예술작품 수준이다. 접시 위에 고등어가 금방이라도 튀어 오를 듯 생생하고, 그 주위로 자연에서 가져온 꽃과 풀과 나뭇잎을 세팅하여, 마치 그림 한 폭을 감상하는 느낌이다.

고등어초회 한 점 입에 넣는다. 신선한 육질이 파닥거린다. 기분 좋은 새콤함과 약간의 달큰함도 흔쾌하다. 다시 한 점을 들고 자세히 쳐다보니 붉고 기름진 살색이 반짝반짝 윤이 난다. 특히 뱃살은 고소함이 깊디깊은 우물처럼 끝이 없다.

고등어초밥도 맛을 본다. 고등어는 고등어대로 밥알은 밥알대로 서로의 개성을 존중하면서 잘 어우러진다. 씹으면 씹을수록 고소한 육즙이 밥알과 섞이며, 달콤하고 새콤하면서 점점 그 맛의 깊이가 풍부하고 진해진다. 일본 오사카에서 맛본 '사바 보우즈시(さば ぼうずし. 고등어초밥의 일종)'의 지극한 기꺼움이 살짝 살아난다.

늦가을부터 깊은 맛이 든다는 고등어회. 특히 12월 초쯤 고등어는 지방함량이 높아 1년 중 가장 고소하고 맛있기에 미식가들 사이에서는 최고의 진미로 평가받고 있다. 때문에 촉촉하고 부드러운 '고등어회'를 맘껏 탐할 수 있는 계절이 이즈음이다. 맛도 좋고 건강에도 좋은 '부산의 생선', 고등어의 그 풍성하고 진한 풍미를 이즈음에 느껴보는 것도 좋을 듯하다.

고등어초회
오사카의 사바 보우즈시(고등어초밥의 일종)

돼지국밥

부산의 소울푸드

외지인들에게 부산은 '돼지국밥의 도시'이다. 그렇다면 부산사람들에게 있어 돼지국밥은 어떤 존재일까? 부산사람들에게 돼지국밥은 세 가지 키워드로 풀어볼 수가 있겠다. 첫째는 공유의 음식, 둘째는 통합의 음식, 세 번째는 실용의 음식으로 규정된다.

돼지국밥은 부산의 역사와 문화, 부산사람의 기질 등 부산의 모든 것을 대변해주는 대표음식이면서 부산사람들의 소울푸드이기에 공유의 음식이다. 돼지국밥은 오랜 시간 진득한 정성으로 끓여야만 맛있어지는 음식이다. 국밥의 여러 재료들을 가마솥에 한데 넣고 펄펄 끓여내어 하나의 음식으로 만들어내기에, 통합의 음식이다. 국밥 한 그릇으로 고소한 돼지고기도 먹고, 진하면서도 시원한 국물도 먹고, 밥도 말아 설렁설렁 끼니도 때우는 음식으로, 구수하게 진하면서도 시원하게 개운한 뒷맛을 맛볼 수가 있기에, 실용의 음식이다.

원래 부산돼지국밥의 원조는 오래전 부산, 경남에서 먹어왔던 국물이 맑은 고깃국이었다. 살코기만으로 국물을 내고 무와 고춧가루 파 등을 넣고 끓여낸, 맑고 시원한 국으로 먹어왔던 것.

그러나 한국전쟁 이후 부산에 정착한 피란민들에 의해 여러 지역의 음식문화가 섞이면서 국밥에 돼지대가리와 내장 등 돼지 부산물을 섞고 사골로 육수를 내는 등 현재의 부산식 '돼지국밥' 형태로 변형되어왔다.

또한 부산의 산업화 과정과 장터문화가 섞이면서 식사시간을 줄이기 위해 국에 밥을 말고, 그 위에 정구지, 마늘, 땡초, 양파, 김치 등 반찬을 한데 섞어, 간소하고 급하게 '허벅허벅' 퍼먹는 형태의 식문화로 변화과정을 거쳐 온 것이다. 그러하기에 부산의 돼지국밥은 각 지역의 음식문화를 반영하여 완성됐다. 이는 부산이 토박이보다 타지에서 유입된 이주민들에 의해 형성된 도시이기 때문이다.

한국전쟁을 전후로 부산은 다양한 지역의 음식문화가 함께 뒤섞여 '부산의 음식'으로 재탄생한다. 돼지국밥 또한 부산의 역사와 문화, 부산사람의 기질 등과 함께 발전해온 부산의 대표음식이다.

이는 부산돼지국밥의 '독립된 다양성'에서 찾을 수 있다. 부산에서 돼지국밥이라는 음식은 한 가지의 조리법으로 통일되어 있지 않다는 말이다. 때문에 다양한 지역의 섭생이 부산의 돼지국밥에 끈끈하게 이어져 내려오고 있다.

국밥에 사용되는 고기고명의 부위나 육수 재료, 상을 차려내는 법 등 모든 것들이 각각의 특징을 가진다. 가게마다 나름의 독특한 맛을 갖고 있는데도, 모두 부산돼지국밥이라는 범주 아래 함께하고 있다.

이는 부산사람들의 정체성과도 많이 닮았다. 부산사람들의 윗세대 중 많은 숫자가 전국팔도에서 부산으로 흘러들어 와 정착한 사람들이다. 그러나 이들의 후손들은 부산에서 나서 부산에서 살고 있는 부산사람이다. 팔도의 입맛을 가진 부산사람들이 모여 부산음식의 다양성을 이끌어내고 있는데, 이는 돼지국밥에서도 여지없이 적용된다.

육수부터 살펴보자면 국물이 뽀얀 육수와 조금 연한 육수, 맑은 육수가 모두 부산돼지국밥에 적용되고 있다. 뽀얀 육수는 돼지사골로 육수를 뽑는데 국물이 진하고 구수한 맛을 낸다. 제주의 몸국과 일본 규슈의 사골라면인 돈코츠와 닮았다. 조금 연한 육수는 주로 돼지 뼈와 고기, 내장 등을 함께 쓰거나 돼지대가리를 통째 넣고 육수를 낸다. 깊은 맛과 감칠맛이 뛰어나다. 이북피란민들이 부산에 정착해서 이북 조리방식에 돼지대가리를 재료로 활용했는데, 상업화 된 부산돼지국밥의 원형쯤 된다. 맑은 육수는 살코기만을 삶아서 육수를 낸다. 서부경남의 돼짓국에서 유래된 것으로, 맛이 깔끔하고 정갈하다.

국밥 안에 들어가는 고기고명도 살펴보자. 돼지대가리에 붙어 있는 돼지뽈살을 사용하는 곳이 있는가 하면, 돼지부산물인 돼지내장, 순대 등을 함께 쓰는 곳, 돼지다리 목살과 다리 살, 최근에는 고급화 과정을 거치면서 삼겹살, 항정살, 갈비살 등을 쓰는 곳까지 다양하다. 돼지국밥을 차려내는 방법도 다양한데, 원래 부산의 돼지국밥은 국과 고기고명이 밥과 함께 한 그릇에 담겨 토렴 후 상을 내는 방식이다. 이후 다른 지역 사람들이 부산에 정착하면서, 고향의 밥상문화까지 부산에 정착시킨다.

대구 반상문화 중 탕반문화가 흡수되면서 국과 밥을 따로 내는 따로국밥이 자리 잡고, 서울, 경기지역의 순대국밥이 흡수되면서 순대돼지국밥이, 제주돼지국수의 영향으로 다양한 면을 활용한 돼지국수가 활성화되었다.

부산 '돼지국밥'은 이렇듯 다양한 지역의 특색을 가진 섭생을 수

부산돼지국밥
맑은 육수의 돼지국수, 조금 연한 육수의 돼지머리국밥

용하면서도, 부산음식의 특색으로 잘 발현된 음식이다. 하여 '돼지국밥'이라는 '하나의 이름'으로 자리 잡은 다양한 조리법의 돼지국밥이 바로 부산 '돼지국밥'인 것이다. 따라서 '돼지국밥'이야말로 우리 부산의 정체성과 제대로 부합되는 대표적인 음식이다.

또 부산의 돼지국밥은 부산의 현대사와 궤를 같이하며 변화하고 다양한 분화과정을 거친다. 한국전쟁 시기엔 돼지대가리와 부산물들이 국밥의 주재료였고, 부산의 산업화시대인 1980년대 전후로 돼지사골을 활용한 육수가 정착했으며, 아시안게임과 올림픽을 기점으로 다양하고 고급화된 메뉴들의 돼지국밥들이 정착하게 된다. 때문에 부산의 돼지국밥은 부산사람처럼 다양한 개성과 각각의 맛을 지니고 있는 것이다.

돼지국밥집에 들어선다. 무쇠솥에서는 한창 뽀얀 육수가 끓어오르고 있다. 구수한 국물에 토렴 잘한 국밥을 받아 든다. 돼지고기 넉넉한 뚝배기에 슬슬 끓는 국밥이 옹골지다. 뜨끈한 국물 한 술 떠먹는다. 국물이 진국이다. 걸쭉하여 입에 달라붙을 정도다. 그만큼 오랜 시간을 사골을 정성 들여 끓여냈다는 뜻이다.

국밥도 한 술 뜬다. 밥알에 사골 국물이 배여 간간하면서도 진한 구수함이 입안을 즐겁게 한다. 정구지를 한 젓가락 국밥에 푹 넣어 함께 먹는다. 정구지의 알싸하고 향긋함이 국밥과 어우러지며 개운한 맛을 낸다.

뜨거운 국물과 밥이 조화로워 속이 든든해지고 몸도 따뜻해진다. 맛이 든 깍두기는 아삭아삭하고 배추김치는 새콤하게 입맛을 더욱 돋운다. 토렴이 잘된 국밥에다 정구지, 파, 마늘 등속을 한데 섞어 먹으니, 어느새 한 그릇 뚝딱이다.

부산을 대표하기에 부산에 오면 꼭 먹어보는 부산의 돼지국밥. 그러나 부산을 찾는 이들은 왜 부산이 돼지국밥의 도시인지를 간과하고 있다. '지역의 음식'은 그 무엇이건 그 유래와 역사적 배경을 알고 먹어야 한다. 그러면 그 음식의 맛은 배가되고, 식사시간 내내 음식의 가치를 체험하는 기꺼운 자리가 될 것이다.

활기찬 장터의 도시이자, 야성의 도시인 부산. 그 정체성과 걸맞은 음식이 돼지국밥이라는 것이다. 때문에 돼지국밥이 부산 사람을 하나로 뭉치는 매개로 작용한다는 뜻이기도 하다. '이질적인 다양한 것들이 펄펄 끓는 가마솥에서 모두 하나가 되는 것'이 부산사람들의 정신이라고 볼 때, 돼지국밥은 그러한 부산사람들의 정신, 그리고 부산 음식의 정점에 서 있다고 볼 수가 있다.

복국

뜨거우면서도 시원한
부산사람 성정을 닮은 맛

"어~ 시원하다." "아따~ 조~옿타!" 탄성이 연발이다. 식탁마다 펄펄 끓는 뚝배기 한 그릇씩 끌어안고 연신 감탄사를 자아낸다. 이마에 흐르는 땀 닦아내며, 후루룩후루룩 큰 소리 내어 국물 한 뚝배기씩 들이켜는데, 가히 '삼매경' 그 자체다. '국물 한 술에 탄성 한 번' 지르며 먹는 음식, 복국집 풍경이다.

복어는 오래전부터 미식가 사이에서 '일미'로 정평이 나 있는 음식이다. '첫째로 꼽는 맛'이란 뜻이다. 재료 손질부터 맛 내기에 이르기까지, 라이선스가 있는 복전문가가 솜씨를 부려야 제대로 발현이 되는 음식이다. 때문에 복어는 '캐비아(철갑상어 알)'과 '트뤼프(송로버섯)', '푸아그라(거위의 간)'과 함께 '세계 4대 진미' 중 하나로 손꼽힌다.

'최고의 음식'에는 치명적인 조건이 있다고 했던가. '천상의 맛', '죽음과도 견줄 만한 맛' 뒤에는 사람의 목숨을 담보로 하는 큰 위험이 따른다. 바로 복어가 품고 있는 맹독을 이르는 말이다. 해서 예부터 '복어 한 마리에 물이 서 말'이라 할 정도로, 조리 과정에 세심한 정성이 들어가야 하는 음식이다. '독성'을 잘 제거해야 '최고의 약성'을 가진 음식으로 재탄생하는 것이 바로 복어다.

이독치독(以毒治毒)이라 했던가? 복국은 체내의 숙취해소와 신진대사에 탁월하여 해장국으로도 최고의 반열이다. 숙취가 심할

밀복국
복지느러미청주(히레사케), 졸복구이

수록 복국이 풀어주는 '속풀이'의 깊이는 웅숭깊다. 속을 뜨겁게 파고들면서 시원하게 어루만져 주는 것이, 뼛속까지 후련한 맛을 제공한다.

특히 부산은 복국과는 떼려야 뗄 수가 없는 역사적, 지리적 여건을 지니고 있다. 복어 최대 생산 및 유통량의 도시, 복국 최다 소비도시인 점 이외에도, 복어를 적극적으로 식재료로 활용하고 있는 일본과 복어 식문화를 서로 교류하고 있다는 점 또한 그러하다.

부산의 자매도시 시모노세키는 일본 최대의 복어 생산지이다. 이곳에서 일본은 임진왜란을 도모했고, 관부연락선을 통해 조선을 식민지화했다. 임진왜란 때는 조선으로 출병하기 위해 시모노세키에 모인 일본병사들이 복어를 먹고 죽는 일이 속출하자 도요토미 히데요시는 복어 식용을 금지시켰다.

이후 조선지배권을 강화하기 위해 벌인 청일전쟁에서 일본이 승전한 후 시모노세키에서 청일강화조약을 체결할 때, 당시 회담장이던 춘범루의 주인은 태풍으로 신선한 생선을 구할 수 없자, 일본 조약대표 이토 히로부미에게 금지음식인 복어요리를 대접했다. 이 복어요리에 감탄한 이토 히로부미가 춘범루에서는 특별히 복어요리를 팔 수 있도록 허가한다.

이후 일본인들은 복어를 아무런 제재 없이 즐겨 먹었으며, 조선에 와서도 복어 사랑을 계속했다. 때문에 복어가 맛있는 계절이면 일본인이 버린 복어부산물(알과 내장)을 먹은 조선인들이 심심찮게 목숨을 잃기도 했다. 부산을 비롯한 남해 항구도시에서도 일본인들의 식욕을 자극하는 복어가 대량 어획되었는데, 이를 계기로 우리나라에서도 식재료로서 복어가 널리 쓰이게 되었다.

복어는 동서고금의 문헌 속에서도 재미난 이야기로 심심찮게 전래된다.

"대발 밖에 복사꽃 두세 가지 / 따스한 봄 강물을 오리가 먼저 아네 / 쑥은 땅에 가득하고 갈대 움 돋으니 / 이제야말로 하돈(河豚)이 올라올 때" 중국 송나라 시인 소동파가 읊조린 복어 관련 시의 한 구절로, 복어를 맛보기 위해 봄을 기다리는 미식가의 설렘이 잘 표현된 시 구절이다.

하돈(河豚)은 '강의 돼지'란 뜻으로 '복어'를 지칭한다. 몸집이 통통하면서도 성질이 나면 몸을 부풀리며 돼지처럼 운다고 붙어진 이름이다. 특히 소동파는 봄에 황허강을 거슬러 오르는 황복을 "죽음과도 맞바꿀 진미(搏死食河豚)"로 장황하게 소개하고 있다.

또 중국에서는 '천계옥찬(天界玉饌)'이라 하여 "천상의 사람들이 먹는 아름다운 음식"이라 평했고, 일본에서는 "유서를 써놓고서라도 먹어봐야 할 음식"이라며 복어의 치명적인 맛을 칭송했다. 특히 복어 수컷의 유백색 정소(精巢, 이리)를 중국에서는 '서시유(西施乳)'라 하여, 춘추전국시대 미인이었던 "서시(西施)의 뽀얀 젖"에 비유할 정도로 궁극의 맛으로 꼽았다.

이처럼 복어는 '천국과 지옥', 두 가지 맛을 함께 지니고 있는 음식이다. 그러하기에 예부터 '금기'에 대한 인간의 '극단의 호기심을 자극하는 음식'으로 알려져 있다. 그 정도로 복어요리는 치명적이면서도 도저히 끊기 힘든 중독의 맛을 낸다. 해서 "독성이 강한 복어일수록 맛이 좋다"는 속설도 떠도는 것이다.

부산에서 요리재료로 주로 사용되는 복어 종류는 대략 대여섯 종이다. 최고급 어종으로 치는 참복 회의 주인공 '참복'부터, 탕으로는 최강의 시원함을 자랑하는 '까치복', 겨울의 진객 '밀복', 고소한 살점을 발라먹는 재미가 쏠쏠한 '졸복', 어디서나 편하게 대할 수 있는 대중복국의 재료인 '은복' 등 그 맛이 각기 달라 선호하는 입맛에 맞춰 먹을 수가 있다.

그중에서도 부산연안에서 대량으로 어획되고 있는 어종은 까치복과 밀복이다. 까치복은 5~7월 낙동강 연안으로 올라와 산란을 하는데, 이때 주낙으로 까치복을 잡는다. 까치복은 등 쪽으로 선명한 흑청색 줄무늬가 얼룩말처럼 나 있다. 지느러미는 진한 노란색을 띤다.

까치복은 진하면서도 시원한 국물이 대단히 흡족한 어종이다. 떠먹으면 떠먹을수록 시원한 맛이 깊이를 더하고, 그 깊은 맛은 끝이 없을 정도로 사람 속을 후련하게 지지며 종국에는 부드럽게 다독여 준다.

밀복은 겨울이 제철로, 11월 말에서 4월까지가 밀복 철이다. 주로 겨울 동해안에서 잡는데, 기장 연안에서도 곧잘 잡힌다. 해방 전후로는 기장 일대가 밀복어업의 전진기지였다고 하니, 그 어획량을 짐작하고도 남음이 있다. 요즘은 기장 일광 학리에 밀복잡이 어선 몇 척이 그 명맥을 이어가고 있다고.

이 밀복에는 생복에서만 채취할 수 있는 이리(숫놈 정소)가 들어 있어 국이 부드럽고 고소하기 때문에 귀하게 먹는다. 육질도 밀집도가 높으면서도 부드러워 남녀노소가 좋아하는 식감을 지니고 있기에 인기가 높다.

복국 식당에서 '생밀복국'을 주문한다. 곧이어 파르르 끓는 '밀복국' 뚝배기가 앞에 놓인다. 한 숟가락 떠먹는다. 뜨거운 국물이 찌르르 목젖을 타고 넘어간다. 곧이어 속이 환하게 풀린다. 한 숟갈 더 떠먹어 본다. 시원한 맛과 깊은 맛이 '극치'를 이룬다.

남은 국물을 뚝배기째 들고서 후루룩후루룩 남김없이 마신다. 시원한 우물이 몸속 깊숙이 자리 잡는 느낌이다. 무릇 복국은 이렇게 시원하게 뚝배기를 다 비워야 끝이 난다. 그래야 마음마저 든든한 식사가 완성되는 것이다.

부산의 향토음식 복국. 부산사람처럼 뜨거우면서도 시원한 매력이 있는 부산의 음식. 몸도 춥고 마음도 어슬어슬할 때 복국 한 그릇은 부산사람들의 마음을 뜨끈하게 지져준다. 바람이 찬 겨울에는 복국집에서 복국 한 그릇들 하시라. 봄이 한 발 한 발 다가오고 있을 것이다.

복매운탕
복맑은탕

아귀

못생겨도 맛은 그만

'아귀가 세상을 향해 입을 벌린다. 모든 것 집어 삼킬 듯이 꿈틀거린다. 온몸이 모두 입이다. 날카로운 이빨이다. 언뜻 보면 세상의 것들, 다 먹어치우고도 남겠다.' 수조 속의 '활 아귀'를 스케치한 화가의 그림을 본 적이 있다. 그림 속 '아귀'는 그야말로 '아귀(餓鬼)'처럼 세상을 노려보며 으르렁대고 있었다. 그만큼 아귀는 우리에게 친절하지 못한 인상으로 다가오는 생선이다.

'아귀'는 연안 심해의 바닥에 사는 어류. 대가리 위 발광체의 촉수를 미끼처럼 흔들어 작은 물고기를 유인하고, 순간적으로 큰 입을 벌려 단숨에 '덥석' 잡아먹는 어종이다. 때문에 『자산어보』에는 '낚시를 하는 물고기'라 하여 '조사어(釣絲魚)'라 기술하고 있다.

생긴 모습이 흉측하여 늘 굶주림에 고통 받는 귀신, '아귀(餓鬼)'에서 그 이름을 차용했다 하기도 하고, 부산식 표현으로 입을 '아구'라 하는데, '입이 아주 큰 물고기'란 뜻에서 '아구'라 쓰기도 한다.

입이 큰 만큼 물고기나 오징어 등을 단번에 삼키는 등 탐식성이 강하여, 한 번에 자기 체중의 30% 이상을 먹고도 소화를 시켜내는 대식가이다. 하여 '탐욕과 욕심의 상징'으로 비유되기도 한다.

이 때문에 아귀의 뱃속을 갈라보면, 통째로 삼킨 생선들이 가득 들어 있는 것을 볼 수 있다. 간혹 조기나 가자미, 큰 새우 등 비싼 생선이 들어 있는 경우도 있는데, 이렇게 뜻하지 않게 행운이 따를 때를 일러 "아귀 먹고 가자미 먹고"란 속담으로 전래되기도 한다.

한때는 하도 못생겨서 잡히면 바다에 '텀벙' 버렸다고 '물텀벙'이라 부르기도 했다. 우리네 바다에는 '물텀벙이 3총사'가 있는데, 탕이 시원한 겨울의 진객 '물메기'와 매운탕과 수육이 기꺼운 동해의 '도치', 그리고 '아귀'이다. 모두들 큰 몸집에 흉측하게 생겨서 오래도록 상업화되지 못하고, 그 맛을 잘 아는 어부들이나 해안가 사람들의 별미로만 사랑받아왔다.

아귀는 우리나라 전 연안에서 어획되는 어종으로, 부산에서도 기장과 다대포 일원에서 겨울부터 봄 사이에 주로 어획된다. 근래 들어 아귀찜이 전국적으로 보급되면서, 대부분의 아귀를 중국에서 수입할 정도로 귀하게 대접받는 생선이 되었다.

'아귀'는 부산사람들과 떼려야 뗄 수 없는 관계를 가지고 있다. 부산사람들은 입맛이 없거나 화가 나고 답답한 마음 풀 수 없을 때, 뭔가 화끈한 음식으로 속이 확 뚫리도록 먹고 싶을 때, '아구찜'을 먹기 때문이다.

칼칼하게 매우면서도 강한 양념 맛 때문에 스트레스를 일시에 풀 수 있을 뿐만 아니라, 한 접시 가득 푸짐한 양으로 마음마저 푸근해지기에 그렇다. 매운 음식을 먹고 마음을 확 풀어내는 부산사람들의 기질과 궁합이 딱 맞는 음식이 바로 '아구찜'인 것이다.

아귀는 사시사철 먹을 수 있는 음식이지만 찬바람이 불기 시작하는 12월부터 3월까지가 맛있어지는 시기다. 저지방, 저칼로리 어종으로 찜, 수육, 탕, 전골, 회 등 다양한 음식으로 요리하여 먹을 수 있다.

아귀에 함유된 DHA 성분은 성장하는 아이와 공부하는 학생들의 두뇌발달에 좋다. 또한 혈압을 저하시키는 효과가 있기 때문에 고혈압 환자에게도 좋다. 타우린 성분은 간과 심장의 기능을 강화시켜주고, 단백질이 풍부해 필수아미노산 보충에도 유효하다. 숙취해소에도 뛰어나 음주 후 숙취를 해소하기에 안성맞춤이다.

이렇게 함유영양소가 풍부한 아귀는 생겨먹은 모습 때문에 오래도록 대접받지 못한 어류 중 하나였다. 때문에 아귀를 식재료로 하는 음식의 상업화도 그리 오랜 역사를 가지지 못했다. 아귀요리의 상업화는 창원시 마산지역의 말린 아귀로 만든 아귀찜이 최초라고 전하고 있다.

그러나 아귀가 많이 잡히는 동남해권 해안가 마을에서는 오래전부터 아귀를 말리거나 생으로 국을 끓여 먹기도 하고 수육으로도 먹었다고 한다. 부산의 경우 기장과 다대포지역에서 잡은 아귀를 회로도 떠먹고 국으로도 끓여먹었다.

싱싱한 아귀를 3마리 구입해 다양한 요리로 밥상을 차린다. 부산식으로 '아구수육'과 '아구간', '아구밥통', '아구탕', '아구찜' 등이 순서대로 상에 오른다. 먼저 '아구수육'은 싱싱한 '생 아구'로 장만해서 살이 부드럽고, 육즙이 촉촉하다. 수육의 희고 풍성한 살을 한 입 베어 물면 허벅질 정도로 부드러우면서도 입안에 꽉 차는 풍성함이 대단하다.

아구탕이 모락모락 김을 내며 상에 오른다. 아귀는 저지방 저칼로리 식품이라 탕으로 끓이면 맛이 담백하고 시원하다. 한 술 뜨니 뜨거운 국물이 입안에 가득 찬다. 첫맛은 깊은 심연처럼 시원하면서 먹을수록 진한 맛이 돌아 끝이 없다. 뜨겁고 시원함이 절묘하게 사람 속을 풀어주기에 해장국으로도 최고의 반열이다.

아구간도 일품이다. 한 입 먹어보니 그 고소함이 비할 바가 없고,

아귀수육
아귀찜, 아귀 간

입에서 살살 녹아 씹을 새도 없다. 일부 식도락가들은 세계적으로 유명한 거위 간 요리 '푸아그라'와 맞먹는 일미로 손꼽기도 한다. 고소함의 깊이가 남다르기에 귀하게 대접하는 식재료이다.

아구밥통도 쫀득쫀득 몰캉몰캉 식감이 상당하다. 씹으면 씹을수록 쫄깃하고, 담백하면서도 깊은 바다의 풍미가 은은하게 풍긴다.

마지막으로 아구찜이 나온다. 김이 모락모락 오르는 '아구찜'이 큰 접시에 담겨 푸짐하게 상에 올랐다. 그 양이 어마어마하다. 벌건 양념 또한 아주 호전적으로 보인다. 아구찜이 가지는 붉은 색감의 확연함, 붉은 색조의 맛깔스러움이 참 좋다. 과연 부산의 음식답다.

아주 매운 양념에, 부드러운 아귀의 속살, 그리고 아삭아삭 콩나물과 향긋한 미나리의 시원한 식감, 방아의 강렬하고 풍부한 향 등이 절묘한 조화를 이루는 음식이다. 아귀 살 한 점을 한입 가득 넣고 씹는다. 짭조름하면서도 걸쭉한 육즙이 진하게 전해진다.

희고 고운 두툼한 살집은 부드럽게 씹히고, 아귀껍질은 쫀득쫀득 오돌오돌 입안에서 내내 맛있게 돌고 돈다. 물렁뼈에 붙은 살을 입으로 쪽쪽대며 뜯는다. 뼈 사이의 양념이 육즙과 함께 촉촉하게 배여 나온다. 미더덕 한 톨 입에 넣는다. 톡 터트리니 해감내가 왈칵 쏟아진다. 오동통한 미나리는 향긋하게 코끝에 감돌며 상쾌함을 준다. 콩나물은 숨이 갓 죽어 아삭아삭 식감이 참 좋다. 숟가락으로 걸쭉한 국물을 한 술 뜨는데 깊은 바다 내음이 물씬 난다. 그윽하고 짙다.

이처럼 생긴 모습과 달리 살이 담백하고 달아서 다양한 음식의 재료로 활용되고 있는 '아구', 그중에서도 특히 '아구찜'은 부산사람들의 화끈한 성정과도 많이 닮아 있다. 그러하기에 부산사람들이 칼칼하고 푸짐하게 즐겨 먹는 부산의 대표음식으로 자리 잡았던 것이다.

대구와 쌍벽을 이루다,
겨울 식도락의 향연

물메기

15년 전, 통영 미륵도에서 일이다. 풍화리 쪽 포구에서 물메기 부리는 작업이 한창이었다. 배의 '물칸'에서 연신 굵은 물메기가 푸드득대며 큰 대야에 담기고 있었는데, 햇빛을 털어내는 물메기의 푸덕임이 그야말로 장관이었다.

시원한 물메기탕 생각에 한참을 '물메기가 오지다, 싱싱하다'를 반복하며, 생선 본 고양이마냥 좀체 자리를 뜨지 못하고 있으려니 "이리 오소 마, 한 점 하고 가소"라며 중년 어부 한 사람이 대뜸 부른다. 포구 한쪽에서는 늙은 어부가 한창 물메기로 회를 뜨고 있었다. 솥뚜껑만 한 투박한 손으로 부드러운 물메기살을 숭덩숭덩 큼지막하게 썰어내는 중이다. 옆에는 한 되짜리 소주 두어 병 자연스레 놓여있었고….

"물메기를 회로 묵는교?" "하이고~! 얼매나 맛있다고요~ 함 묵어 보소." 어부 몇 사람, 소주 한 주발에 물메기살 한 덩이 고추장에 푹 찍어 권한다. 모두들 몇 번 씹지도 않고 꿀떡꿀떡 넘기는 모습이 새삼 신기했다. 그들 따라 소주 한 잔에 물메기회 한 점 고추장 찍어 입에 넣는다. 두어 번 씹자 탄성이 터진다. 음~ 무슨 회가 이리 부드러울까? 촉촉하면서도 약간의 쫄깃함 속에 보들보들한 식감이 생전 처음 대하는 회 맛이었다.

"와~! 뭐 이런 기 다 있노?" "처음 무 보는교? 처음 무 보면 희한

할 끼라요." 물메기 회의 신기한 맛에 놀라는 필자를 보며 뱃사람 모두 낄낄대는 것이다. 이러구러 됫병 소주가 몇 병 보태지고, 손으로 집어 먹은 물메기회로 입가와 손은 고추장투성이가 되었는데도, 술잔은 몇 순배 더 돌고 돌았다. 지금도 순박한 그들의 웃음소리와 담박한 물메기회의 추억은 철이 되면 새록새록 돋아나는 것이다.

물메기는 통영 근해, 특히 추도 인근을 중심으로 많이 잡힌다. 추도 앞바다가 물메기의 주 산란지이기에 그렇다. 추도 물메기로 끓여내는 물메기탕은 전국에서도 최고로 친다. 해산물이 지천인 통영의 시장 등 명사들도 굳이 추도에 와서 물메기 맛을 보는 이유다. 물메기는 쏨뱅이목 꼼치과의 어류로 꼼치, 물메기, 아가씨물메기, 노랑물메기 등 다양한 종류가 있다. 주로 물메기, 꼼치 등이 연안에서 많이 잡히는데 요즘은 거의 물메기로 통칭한다. 지방마다 물메기, 물미거지, 곰치, 물곰, 물텀뱅이, 잠뱅이 등으로 불린다.

'자산어보'에서는 물메기를 '해점어(海鮎魚)', 즉 바다메기라 하였다. 비늘이 없는 데다 생김새도 민물메기와 닮았기에 그랬을 것이다. 오래 전부터 탕이나 찜, 국거리로 활용해온 어류다. 주로 말려서 식재료로 활용했는데, 말린 물메기는 일 년 내내 두고두고 국을 끓이거나, 찜을 하고, 포를 만들어 고추장에 찍어 먹곤 했다.

물메기는 점액질 때문에 미끄덩거리는 데다 살이 연해 식감이 좋지 못하므로, 근래에 이르기까지 생으로는 활용하지 않았던 듯하다. '자산어보'에서도 속명으로 '미역어(迷役魚)'라 했는데, 회 등으로는 가치가 덜하고 역할도 미미했다는 뜻이겠다. 해서 일부 지역에서는 먹지 않고 잡는 족족 물에 버렸다 하여 '물텀벙이'라 하기도 했던 것.

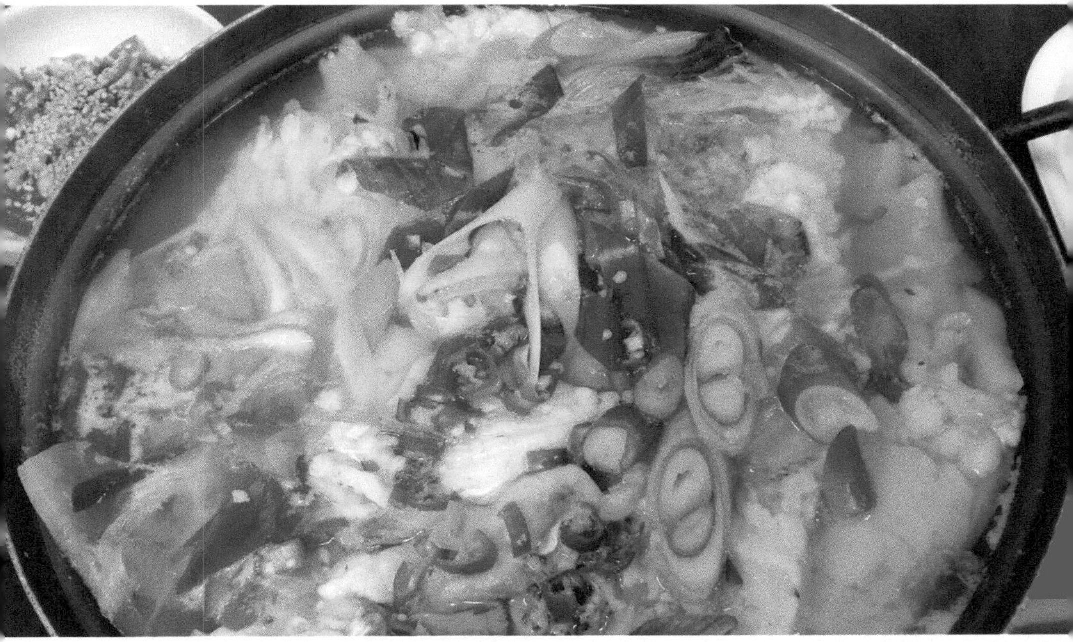

물메기탕
물메기회무침, 물메기회

그러하기에 추도를 중심으로 남해안 쪽에는 물메기를 잡는 즉시 배를 따서 해풍 잘 드는 곳에서 말렸다. 말리면 점액질이 사라지고 담백하면서도 깊은 맛을 내는 생선으로 변신하기 때문이다. 이렇게 꾸덕꾸덕 말린 물메기는 양념을 발라 찜을 해먹기도 하고, 살짝 구워 죽죽 찢어 고추장에 찍어 먹기도 한다. 특히 '말린 물메기 국'은 깔끔하고 구수한 맛이 일품인데, 바짝 마른 놈은 작두로 큼직큼직하게 잘라 무 넣고 된장 풀어 물메기 국으로 끓여 먹었다.

근래 들어서는 해장국으로 널리 애용되면서 생물 물메기로 '맑은 탕'이나 '매운탕'등을 끓여내고 있다. 말린 물메기 국은 깊고 담백한 맛이 일품이지만, 생물 물메기탕은 끝없이 시원하여 속을 지지는 맛에 방점을 두기에 그렇다. 지금의 물메기는 단연코 생물 물메기가 대세다. 동해안에서는 생물메기에 묵은 김치를 숭숭 썰어 넣고 팔팔 끓인 개운한 '곰치국'으로, 서해에서는 칼칼한 고추장으로 맛을 낸 '매운탕'을, 남해에서는 시원한 '맑은 탕'으로 끓여내 겨울철 해장국으로 먹는다. 이 모두 설 전후가 가장 맛있다.

요즘은 탕과 더불어 물메기회를 제대로 즐기는 식도락가가 늘면서 통영, 거제, 부산권을 중심으로 '물메기회'와 '물메기회무침'이 물메기탕과 함께 코스요리로 서서히 자리 잡아가고 있다. 부산에서는 기장과 강서구 가덕도 등지에서 물메기가 어획되는데, 부산은 '생물메기 요리' 지역으로 '물메기 맑은 탕'을 주로 즐긴다. 겨울이면 자갈치시장 부근과 가덕도 쪽 식당에서 활어 맛을 볼 수 있다. 물메기회와 물메기회무침 등도 주문하면 장만해 준다.

충무동 한 횟집에서 '물메기 코스요리'를 주문했다. 먼저 물메기회가 오른다. 통영 어부들은 '소주 안주에는 물메기회 한 점 삐져(베어) 먹는 게 최고'라고 할 정도다. 뭉텅이 살을 회초장에 듬뿍 찍어 먹는다. 씹을수록 달큰하면서도 촉촉하고 부드러운 맛이 그저 그만이다. 양념장은 초장 대신 초간장, 고추냉이와도 잘 어울린다.

물메기회무침이 한 접시 가득 나온다. 물메기회에 무와 배를 채 썬 것, 깻잎, 상추, 쪽파와 양파, 땡초를 썰어 넣고 초장에 버무려 접시에 올렸다. 붉게 물든 물메기 한 점을 채소와 함께 볼이 터져라 입에 넣고 씹는다. 부드러운 물메기와 채소의 아삭거림, 달콤하면서도 새콤한 맛이 입맛을 살려준다. '입이 짧은' 노인과 임신부도 부드러운 물메기회무침은 마다치 않겠다. 보들보들 아삭아삭한 식감이 중독성 맛깔을 지녔다.

'물메기 맑은 탕'이 대미를 장식한다. 물메기를 큰 토막으로 잘라 넣고 무를 서벅서벅, 두부를 더벅더벅, 대파를 숭덩숭덩 썰어 넣었다. 그 위로 땡초를 어슷어슷 썰어 얹었는데, 시원한 갯냄새가 물씬 퍼져나는 것이 군침이 절로 돈다. 국물 한 술 떠먹어 본다. 담백하다. 지방이 적은 생선이라 깔끔하니 시원하다. 다시 국물을 크게 떠먹어본다. '짜르르~' 뜨거운 국물이 온몸을 확~ 데우며 목을 타고 넘어간다. 속까지 환해진다. 오죽하면 '자산어보'에서 술병을 고치는 음식으로 소개했을까?

물메기 살도 맛본다. 숟가락으로 떠먹을 정도로 부드럽다. 입에 넣자 스르르 녹아 없어진다. 후룩후룩 뼈를 훑어 먹는 재미도 은근하다. 등뼈 사이에 붙은 미끈미끈 걸쭉한 속살은, 손으로 쥐고 후루룩 후루룩~ 힘껏 빨면, '쪼옥~쪽' 맛있는 소리와 함께 촉촉한 살이 입으로 한꺼번에 빨려 들어온다. 식사예절이 엄격한 일본인들이 유독 맛있는 우동을 먹을 때는 후르륵후르륵 큰 소리를 내며 면을 빨아 당겨먹는 것처럼 물메기 등뼈 사이 점액질 속살도 쪽쪽 소리 내며 빨아먹어야 제맛이 난다. 맛있는 소리와 함께 입술에서 느끼는 촉감이 식도락을 더욱 크게 하기에 그렇다.

껍질도 한입 넣는다. 부드럽고 매끌매끌한 껍질을 젓가락으로 집어 후루룩 빨아올리면, 국수처럼 입 안 한가득 빨려 들어온다. 그래서 물메기 마니아들은 이 물메기 껍질을 '국수'라 부르며 즐겨먹는다. 물메기알의 식감도 꽤 괜찮다. 국제시장 1공구 골목 안, 대여섯 집의 통술집에는 겨울이면 '물메기알 무침'을 자주 낸다. 물메기알은 구멍이 숭숭 뚫린 스펀지처럼 생겼는데, '꽈드득 꽈드득' 씹히는 것이 제대로의 식감을 즐길 수가 있다. 요즘도 가끔 안주상에 오르는 모양이다.

추운 계절에 제맛을 내는 이들의 깊고 담백한 '해장의 맛'을 함께할 기간도 얼마 남지 않았다. 떠날 채비 서두르는 이들과 잠시나마 '따뜻하고 속 시원한(?)' 이별의 정리를 나누어 보는 것도 좋을 듯하다.

물메기포

장떡

'된장이나 고추장을 탄 물에 밀가루를 풀어 반죽하고, 파나 부추 등의 나물을 버무려 부친 부꾸미.' 사전적 의미의 '장떡'에 대한 설명이다. 말 그대로 된장이나 고추장을 푼 물에 밀가루를 반죽한 후 다양한 나물을 골고루 뒤섞어 번철에 지져내는 '떡'의 일종이란 뜻이다.

설명대로라면 집에 있는 된장이나 고추장, 그리고 밀가루에 제철에 나오는 나물을 활용하면, 언제 어디서나 입이 심심할 때 주전부리 음식으로 쉽게 해 먹을 수 있는 음식이 장떡이겠다. 요즘 부침개와도 얼추 비슷하겠거니 싶다.

이처럼 장떡은 소소하고 부담 없는 음식이기에 어느 때, 어느 곳에서건 쉽게 해 먹을 수 있다는 장점이 있다. 그래서 한국전쟁 시기에는 피란음식으로도 널리 활용되기도 했거니와, 수행하는 스님들이 먹는 사찰의 음식이기도 했고, 각 지방 유력가문의 전통상차림에도 빠지지 않았다. 일반 민가에서도 손에 잡히는 식재료를 이용하여 부쳐 먹을 수 있었기에, 누구나 즐길 수 있는 전통음식이었다.

때문에 부추도 좋고, 김치도 좋다. 냉장고에 뒹굴고 있는 콩나물이나 깻잎, 오징어나 조갯살 등 해산물, 돼지고기 등속도 칼로 다져 넣고 부칠 수도 있다. 말 그대로 된장이나 고추장에 밀가루만 있으면 무엇이든 만들어 먹을 수 있는 음식이 '장떡'인 것이다.

해서 김치장떡, 정구지방아장떡, 깻잎장떡, 방아애호박장떡, 산초잎장떡, 배추장떡, 가죽나물장떡, 콩나물장떡. 해물장떡 등 들어가는 식재료에 따라 그 종류도 다양할 수밖에 없다. 그 말은 식재료가 정형화되지 않았기에 자유롭게 만들어 먹을 수 있다는 것과 그만큼 다양한 식재료를 활용할 수 있기에 탄력적인 레시피를 가진 음식이라는 뜻이 된다. 모든 사람들이 부담 없이 해 먹을 수 있는 '서민음식'이란 뜻이기도 하다.

때문에 나른한 봄날이나 비가 추적추적 오는 날, 겨우내 익힌 김치나 밭에서 막 피어오르는 정구지, 방아 등속을 된장, 고추장을 푼 밀가루 반죽에 뒤섞어 지져 먹기만 하면 되었다. 고추장베이스는 고추장떡, 된장베이스는 된장떡이 되는 것이다.

원래 장떡은 이북지역의 전통음식으로 알려져 있다. 본래 찹쌀가루에 된장이나 고추장을 넣고 반죽하여 시루에 찐 후 햇볕에 사나흘 꾸덕꾸덕하게 말려, 두고두고 먹는 음식이 장떡이었다. 먹을 때는 참기름이나 들기름에 지져 먹었다고 전해진다.

특히 개성의 '개성장떡'은 이북출신의 사람들에게는 추억의 고향음식으로 귀하게 취급된다. 개성장떡은 햇된장을 뜰 때 장떡용 된장을 따로 건져, 찹쌀가루와 다진 쇠고기에 깨, 파, 마늘, 고춧가루, 참기름을 섞어 동그랗게 빚은 후, 말리거나 쪄두었다가 지져 먹거나 구워 먹었다고 한다.

본디 이처럼 온갖 노력과 정성이 다 들어가는 음식이 장떡이었던 셈인데, 한국전쟁 때 이북 피란민들이 피란지에서 밀가루로 장떡을 해 먹으면서부터 간단한 레시피의 음식으로 널리 퍼지게 된 것으로 보인다. 하여 지금은 다양한 조리법으로 각 지역마다 전통음식으로 자리 잡은 음식이기도 하다.

그러하기에 한국전쟁 이후 장떡은 전국적으로 끼니 대용이자 밥반찬으로, 주전부리이자 술안주로 널리 소용되었다. 남아도는 배급 밀가루와 늘 우리 식탁을 지키던 된장과 고추장, 그리고 주위에 구하기 쉬운 제철 식재료만 있으면, 설렁설렁 부쳐낼 수 있었기 때문이다.

우리 부산도 이즈음부터 장떡을 만들어 먹었는데, 주로 봄에 밭에서 갓 올라오는 정구지와 방아로 만든 '부추방아장떡'을 대표적인 봄철음식으로 즐겨 먹었다. 부산은 오래전부터 향이 강한 남새를 음식에 넣어 먹었는데, '장떡'도 맛과 향이 강한 남새에다 고추장, 된장의 강한 짠맛을 더해 '봄의 심심한 입맛'을 강렬하게 깨워냈던 것이다.

정구지는 '봄에 먹는 보약'이라고 할 정도로 영양소가 높은 소채. '아시정구지(초벌부추)는 백년손님인 사위에게도 안 준다.'고 할 정도로 귀하고 영양가가 높은 식재료다. 통상 '부추'라 불리며 경상도에서는 '정구지', '소풀', 전라도에는 '솔' 등으로 불리기도 한다.

방아는 '배초향'의 경상도 말이다. 한방에서는 곽향(藿香)이라 부르며 약재로도 쓴다. 부산사람들이 가장 좋아하는 향신채로, 초봄의 방아는 향이 부드러우면서도 박하처럼 달고 구수하다. 때문에 국이나, 탕, 찜 등 다양한 요리에 곁들여 먹는 '음식의 감초' 역할을 하는 식재료이다.

정구지와 방아, 김치 등속으로 장떡을 만들어보았다. 정구지와 방아를 넣고 '정구지방아장떡'을, 김치와 방아를 넣고 '김치방아장떡'을, 양파와 애호박을 넣고 방아잎을 살짝 곁들인 '애호박양파장떡'이 먹음직스럽다.

'정구지방아장떡'은 된장에다 고추장을 약간 풀어 베이스가 구수하면서도 매콤하게 와닿는다. 우선 방아의 향이 강하면서도 들큰하게 올라오고, 뒤이어 정구지의 알싸하면서도 기분 좋게 씹히는 식감이 따라온다. 대체적으로 간이 잘 밴 '방아정구지전' 같은 맛인데, 더욱 진하고 감칠맛이 확연하다.

'김치방아장떡'의 맛을 본다. 한입 입에 넣으니 겨우내 잘 익혀두었던 김치의 깊은 맛에다 방아의 싱그러움이 어우러져 참으로 흔쾌하다. 사각사각 씹히는 김치의 식감도 좋고, 고추장 베이스와 방아잎이 서로 어울려, 풍부한 향과 더불어 칼칼함이 살아난다. 밥반찬이나 술안주로도 근사하겠다.

'애호박양파장떡'은 재료 본연의 맛이 충분하다. 삼삼하면서도 달큰하다. 고추장으로 베이스를 했기에 단맛과 더불어 매콤함이 서로 잘 맞다. 입이 궁금할 때 군것질거리로 집어 먹기에 안성맞춤이겠다.

장떡은 고추장, 된장으로 간이 되어 있어서 다른 부침개와 달리 양념장이 따로 필요 없으며, 뜨거울 때보다 식었을 때가 쫀득쫀득한 식감으로 그 맛이 더한다. 넣는 재료에 따라 수많은 종류의 맛깔을 낼 수 있는 음식이자, 심심할 때 오다 가다 하나씩 집어 먹는 재미가 쏠쏠한 음식이 장떡이다.

배고픈 시절, 밀가루 반죽에 쉽게 구할 수 있는 푸성귀나 남는 식재료를 넣어서 뚝딱뚝딱 만들어 먹었던 음식, 장떡. 추적추적 비가 오는 봄날, 추억의 음식 '장떡'을 주전부리로, 느긋한 하루 흘려보내는 것도 나쁘지 않겠다.

장떡
방아(배초향), 아시정구지(초벌부추)

밀면

부산이 선물하는
공유와 배려의 음식

부산을 조금이라도 안다는 사람들에게 부산의 대표음식, 또는 부산의 향토음식이 무엇이냐고 물으면 주저 없이 돼지국밥과 밀면을 꼽는다. 부산이 국내 주요 관광지로 급부상한 이후, 부산에 와서 돼지국밥 한 뚝배기, 밀면 한 그릇 안 먹고 가는 사람들이 없을 정도인 것 보면 틀린 말도 아닌 듯하다.

그러나 엄밀하게 따지자면 우리 부산이 가지고 있는 고유한 전통음식, 부산의 향토음식은 존재하지 않는다. 지금 부산의 향토음식들은 외부환경에 의해 급속하게 재편되고, 타의에 의한 급조된 음식들이기 때문이다.

'향토음식'이라 함은 그 지역의 사람들이, 그 지역에서 나는 음식재료로, 그 지역의 환경에 의해 오래도록 길들여진 입맛으로 먹되, 지역사회 전체가 향토음식으로 공유하는 '자연발생적인 음식'을 뜻한다.

그러나 부산의 고유 향토음식들은 일제강점기와 한국전쟁을 거치면서 부산 고유의 음식문화를 계승하지 못했다. 일제강점기에는 일본 식문화가 우리의 밥상을 넘나들었고, 한국전쟁 때에는 식재료의 절대적 결핍도 한몫 했겠지만, 부산에 정착한 여러 지역의 피란 이주민들의 식문화를 수용함으로써 부산 고유의 향토음식은 자연스레 여타지역 음식문화와 혼용, 통합의 과정을 거치게 된다.

그리하여 현재 부산의 향토음식은 타 지역의 식문화와 어우러지며 새롭게 재가공 또는 재창조되는 형식으로 '새로운 형태의 향토음식화 과정'을 거쳤던 것이다. 그 대표적인 음식이 바로 돼지국밥과 밀면이다.

돼지 살코기로 만든 맑은 육수의 '돼지 고깃국'이, 돼지머리나 부산물, 사골 등 다양한 베이스의 육수를 활용하는 현재의 돼지국밥이 되고, 이북지역의 냉면이 밀가루 면을 활용한 밀면으로 재창조된 것이다.

특히 밀면은 한국전쟁 당시 이북지역 출신 피란민들이 고향에서 먹던 냉면을 생각하며 당시 구하기 힘들었던 메밀 대신 원조물자로 들어온 밀가루로 실향의 아픔을 달랬던 음식이다. 이북 냉면이 현재 우리 부산사람의 입맛에 맞는 밀가루 냉면, '밀면'으로 탄생하게 된 것이다.

밀면의 가격은 냉면의 반값 수준으로 '밀가루 냉면', '밀냉면'으로 불리며 주머니가 가벼운 이들에게 제공되었다. 메밀 대신 밀가루를 사용하고, 쫄깃함을 더하기 위해 고구마 전분을 섞어서 면을 뽑았다고 한다.

그러니 밀면은 '대용의 음식'이라는 인식이 짙었다. 때문에 가격도 냉면에 의해 좌지우지되었다. 냉면 값의 절반이 밀면의 값이 되어, 주머니 가벼울 때 냉면 대신 밀면을 먹거나 두 사람이 함께 먹어야 할 때 한 사람 가격으로 함께 먹을 수 있었던 음식이 밀면이었다.

그러나 밀면이 부산사람의 정서와 함께하며 그 인식이 서서히 바뀌게 된 것은, 밀면의 조리법이 부산화 과정을 거치면서부터이다.

밀면은 감칠맛이 상대적으로 떨어지는 밀가루 면의 단점을 보완하기 위해 강하고 자극적인 양념과 육수에 약재를 첨가하는 등 육수가 밀가루 면의 심심함을 보완한다.

이는 부산음식의 특징인 맵고 짜면서도 시원하고 진한 풍취를 자아내는 조리법에 근접해 있다. 또한 부산사람들의 얼큰하면서도 속 시원한 '국물' 사랑과도 맞닿아 있다. 뜨거운 것도, 차가운 것도, 맵고 짠 것도 훌훌 들이마시며 "어허, 시~원하다!" 하는 부산사람들의 성정이 반영되었기에 그렇다.

그러다 보니 겨울을 비롯한 사철음식의 개념인 냉면에 비해 맵고 짜고 시원한 육수의 밀면은 여름철 갈증을 해소하는 별미로 먹는 계절음식의 개념이 짙다. 양념이나 육수가 깊고 차분한 냉면과는 본연적으로 차별화 되는 것이다. 부산의 "아싸리~!(기면 기고 아이면 아이다.)" 정신이 투영된 음식인 것이다.

그러하기에 비록 피란 도시의 '대용음식'이자, 실향의 아픔을 달래주던 '망향의 음식'으로 만들어진 음식으로 탄생했지만, 부산사

람들의 성정과 맞아떨어지면서 서서히 부산의 정서를 음식 안에 담게 된 것이 바로 밀면이다.

지금의 밀면은 여름철이면 부산사람들이 줄을 서서 먹을 정도로 좋아하고 자주 먹는 부산 고유의 음식이다. 그만큼 부산에서 유래되어 오래도록 부산 사람의 정서에 맞춰진 음식이기도 하다. 부산의 정체성과 어우러지기에 지금에 와서는 떳떳하게 부산의 향토음식이라 불리는 것이다.

밀면은 가게마다 다소 차이는 있지만 밀가루와 고구마 전분, 감자 전분 등을 배합하여 만든 면에다, 소 사골과 여러 가지 한약재, 채소 등으로 우려낸 육수를 살얼음으로 살짝 얼려 시원하게 먹는 음식이다. 냉면처럼 물밀면, 비빔밀면 두 가지로 대별되고 있다.

밀면은 우선 다양한 야채와 한약재, 사골을 푹 고아서 만든 육수의 맛이 일품이다. 깊고 진한 국물에 한약재 냄새가 은은하게 퍼지고, 살얼음이 면 위에 동동 떠 있어 시각적으로도 시원하다.

살얼음 육수를 살살 걷어내어 건져 먹는 밀면 가락은 쫄깃하면서도 질기지 않고, 부드러우면서도 쫀득하여 씹는 맛이 여간 아니다. 비빔밀면은 부산 사람들 성정처럼 벌건 고춧가루에 마늘, 양파 등을 다져 넣은 다진 양념으로 비벼서 먹는데, 화끈하면서도 달콤한 맛이 이열치열의 음식으로도 아주 괜찮다.

열악한 시대적 상황 속에 탄생했기에 맛의 깊이가 질박하고 다소 거친 음식인 밀면. '정통의 음식'이 아닌 '대체의 음식', '최선의 음식'이 아닌 '차선의 음식'이지만, 같은 값이면 넉넉하게 함께 둘러앉아 먹을 수 있는 '공유의 음식'이자, 같은 양이라도 값이 싸 여러 사람 먹일 수 있었기에 '배려의 음식'이라고도 할 수 있다.

더욱이 밀면의 창시자인 우암동 내호냉면의 고 유복연 씨는, 다섯 평 가게에서 장사를 하며 쪽방에서 여섯 식구가 한데 자던 시절에도 '음식을 가지고 장난치면 안 된다.', '싸면서도 영양가가 높은 음식을 제공해야 한다.'는 말을 유언처럼 남겼다고 한다. 유 씨의 이 말에서 서글펐던 시절의 밀면 탄생 정신이 부산사람들의 정신으로 면면히 흐르고 있는 것이다.

밀가루로 끼니를 때우던 시절, 조금 부족하고, 조금 열악한 음식이었지만, 다함께 먹고 살자고 시작된 음식이면서, 가진 것 없는 이들에게 싼값으로 제공됐던 음식. 따뜻하고 푸근한 마음의 음식, 마음만은 배부른 착한 음식이 밀면이었다. 때문에 밀면은 우리 부산 음식의 특징과 성정을 전반적으로 내포하고 있는 가장 부산다운 음식이기도 하다.

전통 누룩으로 담근
대한민국 제1호 민속주

산성마을 누룩과 산성막걸리

부산의 중년 술꾼들에게 회자되던 말 중에 '에덴토주'는 올라가면서 취하고, '산성막걸리'는 내려오면서 취한다는 말이 있었다. 그만큼 산성막걸리와 에덴토주는 부산 모주꾼들에게 큰 사랑을 받기도 했거니와, 한때는 독하고 뒷감당하기 힘들 정도의 취기와 숙취를 남기는 악명 높은 술이기도 했다.

그래서 '에덴토주'는 하단 뱃머리에서 시내버스를 타기 위해 에덴공원으로 오르면서 엎어지고, 산성막걸리는 금정산성에서 온천장으로 내려오면서 자빠지게 하는 술이었다. 하여 얼굴에 훈장처럼 큰 생채기 한두 곳 달지 않으면 '부산 막걸리 좀 먹어봤다.'는 말조차 못하던 시절이었다.

이는 막걸리 공급이 수요를 따르지 못하던 시절, 술을 빨리 익히기 위해 소주나 당분을 첨가하는 등 다양한 방편을 쓰는 과정에서 일어난 불상사이기도 했다. 당시는 쌀과 누룩으로 빚은 쌀막걸리 제조는 불법이었다. 그러나 밀막걸리로 성이 안 차던 술꾼들은 이 밀주(密酒)라 불리던 쌀막걸리를 숨어서 먹곤 했던 것이다.

그 시절 전국의 술꾼들에게 사랑을 받아오던 막걸리가 금정산성 마을에서 빚은 산성막걸리였다. 맛이 진하면서도 향이 좋고 뒤끝이 깔끔하기에 그랬다. 한 잔을 마시더라도 입안에서 오래도록 여운이 남는 것이 그 특징이기도 했다.

산성막걸리는 일찍이 조선 초기부터 전래되어 왔다는데, 산성마을의 화전민들이 생계수단으로 누룩을 빚으면서부터 시작되었다고 전해진다. 숙종 32년(1706년)에는 왜구의 침략에 대비해 금정산성을 축조했는데, 당시 전국 곳곳에서 징발된 인부들이 이 막걸리 맛에 반해 입소문을 냄으로써 전국적인 명성을 얻게 되었다고 한다.

이후, 산성막걸리는 전국 방방곡곡으로 널리 보급됐고, 일제강점기에는 만주와 일본에까지 건너갈 정도로 그 명성을 떨쳤다. 뿐만 아니라 산성막걸리의 원재료인 누룩을 많이 만들고 적게 만드는 해의 차이에 따라 동래를 비롯한 동부 경남 일원의 미곡장의 곡물 값이 오르내릴 정도로 시장을 좌지우지했다.

산성막걸리의 뛰어난 맛은 술의 주원료인 '누룩'에서 기인한다. 좋은 누룩은 누룩 몸피에 누룩곰팡이가 고루고루 잘 퍼져야 한다. 그러기 위해선 누룩을 만드는 환경이 중요한데, 산성마을은 맑고 깨끗한 물과 공기, 적당한 온도 등으로 누룩이 잘 건조되고 발효가 잘 된다. 좋은 누룩을 생산할 수 있는 지역적 환경을 가진 곳인 것이다.

그러하기에 한때 산성마을은 오랜 기간 집집마다 누룩을 만들어온 전국 유일의 '누룩마을'이었다. 한때 600여 가구가 누룩 생산으로 생계를 이어왔던 것이다. 그러나 1960년대부터는 정부의

산성막걸리를 젓고 있는 모습

산성막걸리 주안상
산성누룩, 여인들이 누룩을 손보고 있는 모습

'누룩'과 '쌀'로 만든 술의 제조금지 시책으로 큰 타격을 입게 된다.

현재 국내 막걸리는 두 가지 방법으로 만들고 있다. 대부분의 주조회사가 선호하는, 효모균을 활용해 발효하는 방법과 산성막걸리처럼 누룩으로 발효를 하는 방법이 있다.

효모발효는 술맛이 일정하고 정제되어 깔끔한 느낌이다. 그러나 누룩발효는 술을 담글 때마다 온도, 습도 등 주변 환경의 영향을 많이 받기에 일정한 술맛을 내기 어렵다. 그러하기에 오히려 각양각색의 다양한 맛을 구현해 냄으로써 마시는 재미는 더욱 흥미진진하다.

전통적으로 누룩발효로 술을 담그던 산성마을은 누룩제조금지 시책 때부터 정부와 '누룩'으로 인한 '전쟁 아닌 전쟁'을 벌이게 된다. 단속원들에게 누룩을 안 뺏기기 위해 마을사람들이 돌아가며 보초를 서기도 하고, 백두골 산봉우리에서 망을 보면서 단속 트럭이 올라오면, 지금의 낙원집 앞에 걸어놓은 종을 울려 누룩을 숨기곤 했던 것이다.

단속할 때마다 여인들은 누룩을 자신의 치마 속에 숨기기도 하고, 단속원이 집에 들어오지 못하도록 금줄을 치거나, 재래식 변소에 누룩을 숨기는 등 묘안 또한 백출했다. 주로 누룩은 마을 여인들이 만들었기에 당시 산성마을 여인들은 거의가 '주세법 위반'의 경제사범들이었다. 그만큼 산성마을 여인들의 치열한 삶을 엿볼 수 있는 대목이다.

지금도 산성마을에는 전국에서 유일하다시피 한 수제 '누룩방'이 있다. 산성마을의 여인들이 직접 발로 꾹꾹 밟아 누룩을 만드는 것이다. 그래야 발효가 제대로 되기 때문이다. 발효가 잘된 누룩은 몸피 전체에 곰팡이가 하얗게 슬어 있다. 그들 말로 '잘 뜬 누룩'이 술맛 좋고 향이 진한 막걸리를 만들어내는 것이다.

'유한회사 금정산성 토산주' 대표 유청길 씨의 모친인 전남선 여사가 '산성누룩'의 대표적인 인물이다. 지금은 그의 딸들이 맡아 가업을 이어오고 있다. 현재 3평 크기의 누룩방 5곳에서 누룩을 생산하고 있는데, 누룩방 한 곳에 누룩 360장, 총 1800장을 만든다. 일간 360장. 산성막걸리 1만 병을 생산할 수 있는 양이다.

향긋한 과일 향과 함께 걸쭉하면서도 입에 착착 감기는 전통 막걸리 맛을 구현하고 있기에, 현재까지 산성막걸리는 우리 전통의 술 발효방법인 '누룩발효'를 고수하고 있다. 이렇듯 산성마을 사람들의 애환만큼 사연이 많던 산성막걸리는 부산군수사령관 시절부터 산성막걸리를 즐겨 마셨던 박정희 대통령에 의해 양성화된다. 박 대통령은 1979년 지방 순시 당시 박영수 부산시장의 '민속주로 지정건의'를 수용, 1980년 대통령령(제9444호)으로 '전통 민속주' 제도를 만들고, 산성막걸리를 '대한민국 민속주 제1호'로 지정한다.

허가 당시 산성마을 주민 150여 명이 계좌당 5만 원씩 288계좌, 자본금 1천400여만 원을 출자, '금정산성 토산주'라는 이름으로 유한회사를 설립하여 지금까지 그 명맥을 이어오고 있다.

한때 집집마다 누룩이 다르니 집집마다 술맛 또한 달랐던 다양성의 술, 산성막걸리. 때문에 마실 때마다 흥미진진했던 술, 그러하기에 부산사람들의 자유스러운 성정이 내포되어 있는 술이 바로 산성막걸리였다.

이러한 산성막걸리의 역사를 토대로 산성마을을 막걸리특구로 만들어보는 것은 어떨까? 금정산성 마을은 '술 익는 마을'이라는 콘셉트이다. 집집마다 각각의 비법으로 누룩을 제조하여, 다양한 특색의 향과 맛을 가진 막걸리를 생산해내는 것이다.

그리하여 집집마다 술이 익으면 '술 깃발(酒旗)'를 걸어 놓고 술을 파는 것이다. 집집마다 알록달록한 색깔의 '술 깃발'이 바람에 펄럭일 때, 산성마을의 술은 그렇게 맛있게 익어갈 것이다.

주세법과 건축법 등 여러 제약들이 많을 것이다. 그러나 박정희 대통령이 산성막걸리를 여러 제약 속 대통령령으로 '대한민국 민속주 1호'로 양성화 시켰듯이 다양한 아이디어와 의지가 모이면 못 이뤄낼 꿈도 아닐 듯하다.